彩图 1　狮头鹅

彩图 2　乌鬃鹅

彩图 3　浙东白鹅

彩图 4　皖西白鹅

彩图 5　四川白鹅

彩图 6 闽北白鹅

彩图 7 太湖白鹅

彩图 8 豁眼鹅

彩图 9 采子鹅

彩图 10 淑浦鹅

彩图 11　莱茵鹅

彩图 12　舍内网上养鹅

彩图 13　简易鹅舍内景

彩图 14　简易鹅舍舍外运动场

彩图15　现代鹅舍内景

彩图16　现代鹅舍舍外运动场

彩图17　池塘牧鹅

彩图18　草地牧鹅

家庭科学养鹅

席克奇 刘国权
包 敏 王立辛 编著

科学技术文献出版社
SCIENTIFIC AND TECHNICAL DOCUMENTATION PRESS

(京)新登字 130 号

内容简介

本书主要介绍了养鹅品种的选择、鹅的繁育与孵化、鹅的饲料与饲粮配合、种草养鹅技术、鹅的饲养管理、鹅肥肝生产和活体拔毛技术、鹅场建设与饲养设备、养鹅常见病及防治等方面内容,语言通俗易懂,内容简明扼要、科学实用,可供养鹅生产者及其基层畜牧工作者阅读参考。

科学技术文献出版社是国家科学技术部系统惟一一家中央级综合性科技出版机构,我们所有的努力都是为了使您增长知识和才干。

前　　言

我国是世界上养鹅数量最多的国家，近些年来发展极为迅速。据联合国粮农组织统计，2005年全世界鹅存栏量为3.0197亿只，其中我国鹅存栏2.6782亿只，占世界鹅总存栏量的88.69%，到目前为止，我国鹅存栏量、屠宰量、鹅肉产量、鹅蛋产量等仍居世界首位。

鹅为草食家禽，利用青粗饲料的能力很强，可节省粮食，而且还具有投入少、成本低、生产周期短、饲养设备简单、饲养技术容易掌握、疾病较少、产品用途广、饲养效益高等特点。大力发展养鹅业，既符合我国畜牧业战略结构调整的要求，又是广大农民脱贫致富的有效途径。为了适应我国养鹅业的发展，满足农村家庭养鹅的实际需要，使养鹅生产向高产出、高效益方向迈进，能够经得起市场经济的考验，编者总结目前国内外最新技术，借鉴各地养鹅的成功经验，并结合自己多年的工作体会，编写了这本《家庭科学养鹅》。

本书在写作上力求语言通俗易懂，简明扼要，注重实际操作。主要介绍了养鹅品种的选择、鹅的繁育与孵化、鹅的饲料与饲粮配合、种草养鹅技术、鹅的饲养管理、鹅肥肝生产和活体拔毛技术、鹅场建设与饲养设备、养鹅常见病及防治等方面内容,可供养鹅生产者及畜牧兽医工作人员参考。

本书在编写过程中,曾参考一些专家、学者撰写的文献资料,因篇幅所限,未能一一列出,仅在此表示感谢。

目 录

第一章　养鹅的品种选择 …………………………………… 1
　一、选择养鹅品种的原则 ………………………………… 1
　二、鹅的主要品种 ………………………………………… 2
　(一)国内鹅的主要品种 …………………………………… 2
　(二)外国鹅的主要品种 …………………………………… 9

第二章　鹅的繁育与孵化 …………………………………… 12
　一、鹅的繁育技术 ………………………………………… 12
　(一)种鹅的选择 …………………………………………… 12
　(二)种鹅的选配 …………………………………………… 15
　(三)鹅的经济杂交 ………………………………………… 19
　(四)鹅的人工授精 ………………………………………… 23
　二、鹅的孵化技术 ………………………………………… 32
　(一)种蛋的管理 …………………………………………… 32
　(二)鹅的胚胎发育 ………………………………………… 36
　(三)孵化条件及影响孵化率的因素 ……………………… 39
　(四)孵化方法 ……………………………………………… 43
　(五)孵化效果的检查和分析 ……………………………… 54
　(六)初生雏的雌雄鉴别 …………………………………… 60

第三章 鹅的饲料与饲粮配合 ················· 62

一、鹅的常用饲料 ·································· 62
(一)能量饲料 ···································· 62
(二)蛋白质饲料 ·································· 66
(三)青绿多汁饲料 ································ 69
(四)粗饲料 ······································ 70
(五)矿物质饲料 ·································· 71
(六)饲料添加剂 ·································· 72
二、鹅的饲养标准与饲粮配合 ······················ 74
(一)鹅的饲养标准 ································ 74
(二)鹅的饲粮配合 ································ 81
三、饲料的加工与调制 ···························· 89
(一)切碎 ·· 89
(二)粉碎或磨碎 ·································· 89
(三)浸泡 ·· 89
(四)湿拌 ·· 90
(五)蒸烹 ·· 90
(六)去毒 ·· 90

第四章 种草养鹅技术 ····························· 91

一、豆科牧草的栽培与利用 ························ 91
(一)白三叶 ······································ 91
(二)紫花苜蓿 ···································· 93
(三)大绿豆 ······································ 95
(四)紫云英 ······································ 97
二、禾本科牧草的栽培与利用 ······················ 99

(一)多花黑麦草 …………………………………… 99
(二)宽叶雀稗 …………………………………… 101
(三)王草 ………………………………………… 102
三、菊科和苋科牧草的栽培与利用 ………………… 104
(一)菊苣 ………………………………………… 104
(二)苦荬菜 ……………………………………… 106
(三)籽粒苋 ……………………………………… 108
四、干草粉和草颗粒的调制加工 …………………… 110
(一)干草调制技术 ……………………………… 110
(二)草粉和草颗粒的加工 ……………………… 115
(三)干草和干草粉的品质鉴定 ………………… 117

第五章 鹅的饲养管理 ………………………………… 119

一、雏鹅的饲养管理 ………………………………… 119
(一)雏鹅的生理特点 …………………………… 119
(二)育雏前的准备工作 ………………………… 120
(三)育雏方式的选择 …………………………… 122
(四)雏鹅的选择与接运 ………………………… 124
(五)育雏期饲养管理 …………………………… 127
二、育成鹅的饲养管理 ……………………………… 135
(一)育成鹅的生理特点 ………………………… 135
(二)育成鹅的限制饲养 ………………………… 136
(三)育成鹅的恢复饲养 ………………………… 139
(四)后备种鹅适时开产的控制技术 …………… 139
三、产蛋种鹅的饲养管理 …………………………… 140
(一)开产母鹅的识别 …………………………… 140
(二)产蛋期种鹅的饲养方式 …………………… 141

(三)饲粮配合与饲喂方式……………………………………… 141
(四)适宜的公母配种比例…………………………………… 142
(五)种鹅产蛋期的管理……………………………………… 142
(六)种鹅休产期的饲养管理………………………………… 145
(七)人工授精种鹅的饲养管理……………………………… 146
四、肉用仔鹅的育肥…………………………………………… 147
(一)肉用仔鹅的饲养阶段划分……………………………… 147
(二)育肥前的准备工作……………………………………… 147
(三)育肥方法………………………………………………… 148
(四)肉鹅规模化快速肥育工作日程………………………… 151
(五)肉鹅家庭小规模快速肥育工作日程…………………… 158

第六章　鹅肥肝生产和活体拔毛技术……………………… 161

一、鹅肥肝的生产……………………………………………… 161
(一)鹅肥肝的生产概况……………………………………… 161
(二)鹅肥肝的营养价值与经济效益………………………… 162
(三)肥肝生产利用的鹅主要品种…………………………… 163
(四)鹅肥肝的生产技术……………………………………… 164
(五)鹅的屠宰及肥肝的处理………………………………… 166
(六)影响鹅肥肝生产的主要因素…………………………… 166
二、鹅的活体拔毛技术………………………………………… 167
(一)鹅羽毛的生长规律……………………………………… 168
(二)影响羽绒产量和质量的因素…………………………… 168
(三)羽绒的分类……………………………………………… 169
(四)活拔羽绒的特点………………………………………… 172
(五)活体拔毛鹅的品种选择………………………………… 172
(六)活拔羽绒前的准备工作………………………………… 172

(七)活拔羽绒的方法 173
(八)羽绒的贮存 174
(九)活拔羽绒的时间与次数 174
(十)活拔羽绒后饲养管理 175

第七章 鹅场建设与饲养设备 176

一、鹅场场址的选择与布局 176
(一)鹅场场址的选择 176
(二)鹅场内的布局 177
二、鹅舍建筑 178
(一)育雏舍 179
(二)育肥舍 179
(三)种鹅舍 181
三、养鹅设备及用具 181
(一)保温育雏设备 181
(二)喂料、饮水设备 183
(三)产蛋巢或产蛋箱 185
(四)其他设备及用具 186

第八章 养鹅常见病及防治 187

一、鹅病的预防与投药方法 187
(一)预防鹅病的综合措施 187
(二)鹅的给药方法 189
二、鹅的病毒性传染病 192
(一)禽流感 192
(二)小鹅瘟 195
(三)鹅副黏性病毒病 196

(四)雏鹅病毒性肝炎 199
三、鹅的细菌性传染病 200
(一)禽霍乱 200
(二)大肠杆菌病 201
(三)鹅蛋子瘟 203
(四)鹅副伤寒 203
(五)鹅葡萄球菌病 205
(六)鹅传染性气囊炎 205
(七)肉毒梭菌中毒 206
(八)结核病 207
(九)螺旋体病 208
(十)衣原体病 209
(十一)鹅口疮 210
(十二)曲霉菌病 211
四、鹅的寄生虫病 213
(一)球虫病 213
(二)蛔虫病 214
(三)异刺线虫病 216
(四)裂口线虫病 217
(五)比翼线虫病 218
(六)毛滴虫病 219
(七)鹅羽虱 220
五、其他疾病 222
(一)维生素 A 缺乏症 222
(二)维生素 B_1 缺乏症 223
(三)维生素 D 缺乏症 224
(四)维生素 E、硒缺乏症 225

(五)钙、磷缺乏症 …………………………………… 226
(六)食盐中毒 ……………………………………… 227
(七)黄曲霉毒素中毒 ……………………………… 228
(八)亚硝酸钠盐中毒 ……………………………… 229
(九)喹乙醇中毒 …………………………………… 230
(十)磺胺类药物中毒 ……………………………… 231
(十一)有机磷农药中毒 …………………………… 232
(十二)痛风 ………………………………………… 233
(十三)肠炎 ………………………………………… 234
(十四)中暑 ………………………………………… 235
(十五)软脚病 ……………………………………… 235
(十六)脚趾脓肿 …………………………………… 236

附录一 鹅常用饲料营养价值………………………… 237

附录二 鹅典型饲粮配方……………………………… 240

第一章 养鹅的品种选择

一、选择养鹅品种的原则

在养鹅生产中,要获得较好的经济效益,选择优良品种是一个关键环节。选择养鹅品种,要考虑市场需求、品种适应性、生产性能和饲养者的管理水平,因地制宜,因场制宜,以保证养鹅高产、稳产和高效。

1. 产蛋、产肉和产绒性能良好,生产性能高而稳定。在选择养鹅品种时,既要考虑其生长速度,又要考虑其产蛋量,有时还要考虑其出绒率。通常生长速度快的鹅产蛋量大多不高,很难找到一个鹅种既生长快,又产蛋量高、毛绒也好。如大型鹅种生长速度快、产肉率高,但其繁殖性能低,作为生产商品蛋饲养不太划算。在生产中,四川白鹅作为一个肉鹅配套系,肉蛋兼顾,适于商品生产。皖西白鹅生长快,虽产蛋量少,但毛绒极佳,且能活拔鹅毛,所以也是许多地方首选的饲养品种。

2. 生活力强,成活率高,适于当地饲养。选定的引进品种要适应当地的气候及环境条件。每个品种都是在特定的环境条件下形成的,对原产地有特殊的适应能力。当被引到新的地区后,如果新地区的环境条件与原产地差异过大时,引种就不易成功。所以选择品种时既要考虑引进品种的生产性能,又要考虑当地条件与原产地条件不能差异太大。

3. 产品产销对路,效益显著。鹅的主要产品是鹅肉、鹅蛋,其次是羽绒和一些副产物。在我国鹅的生产中，养鹅的主要目的是用来产肉、产蛋，仅少数品种兼顾羽绒或肥肝。饲养肉鹅，由于鹅肉消费群体的习惯差异，形成了两大不同消费需求的市场，一个是广东、广西、云南、江西和我国港澳地区以及东南亚地区，消费者对灰羽、黑头、黑脚的鹅有偏好，饲养的品种主要以灰鹅品种为主；另一个是我国其他绝大部分省市、自治区消费市场，主要需求的是白羽鹅种，在获得鹅肉的同时还要获得白色羽绒。近年来，由于经济效益较高，能够活拔鹅毛的皖西白鹅越养越多，成为产销对路的品种。此外，不少地方广泛使用品种间杂交或白羽肉鹅配套系，利用杂种优势来提高生产性能。

二、鹅的主要品种

（一）国内鹅的主要品种

1. 狮头鹅　狮头鹅是我国最大型的鹅种，也是我国惟一大型优质鹅种，是生产肥肝的优良品种。因其额部肉瘤发达，几乎覆盖于喙上，加上两颊又有肉瘤，酷似狮头，故名狮头鹅。

狮头鹅原产于广东省，因体形大，生长快，肥肝生产性能好，饲料利用率高，为世界上少数大型鹅种之一，经常用于进行品系间杂交配套利用。

狮头鹅体躯呈方形，头大，颈粗，前躯略高。脸部皮肤松软。眼凸出且多呈黄色，外观眼球似下陷，虹彩褐色。颌下咽袋发达，一直延伸至颈部。胫粗，蹼宽，胫、蹼均为橙红色，有黑斑。皮肤米黄色或乳白色。体内侧有似袋状的皮肤皱褶。全身背面羽毛、前胸羽毛及翼羽均为棕褐色，由头顶至颈部的背面形成如鬃状的深褐色羽毛带。全身腹面的羽毛白色或灰白色。褐色羽毛的边缘色较浅、呈镶边羽。成年公鹅体重可达 10 千克以上，个别达 15 千克。母鹅体重可达 9 千克以上，个别达 13 千克。开产日龄为 180～200 天，年产蛋 30～35 个，蛋重为 200～220 克。就巢性较弱。

狮头鹅生产肥肝的能力是我国鹅种中最强的，是重要的肥肝型品种。经填饲育肥后，平均肝重可达 960 克，最高可达 1400 克，平均 538 克，肝料比约 1∶40。以狮头鹅为父本，与产蛋较多的太湖鹅、四川白鹅、豁眼鹅杂交，其杂交后代的肥肝性能比母本品种高出许多。

2. 溆浦鹅　溆浦鹅是我国著名的中型鹅品种，被公认为具有生产特级肥肝潜力的优良肝用中型鹅种，也是优良的肉用品种。原产于湖南省溆水河两岸，分布于怀化地区。溆浦鹅成年体形高大，体躯稍长，呈圆柱形。公鹅头颈高昂，直立雄壮，叫声清脆洪亮，护群性强；母鹅体形稍小，性情温驯，觅食力强，产蛋期间后躯丰满且呈蛋圆形。腹部下垂，有腹褶。羽毛颜色主要有白、灰两种，以白色居多。灰鹅背、尾、颈部为灰褐色，腹部呈白色。皮肤浅黄色。眼睛明亮有神，眼睑黄色，虹彩灰蓝色。胫、蹼都呈橘红色。喙黑色。肉瘤突起，表面光滑，呈灰黑色。白鹅全身羽毛白色，喙、肉瘤、胫、蹼都呈橘黄色，皮肤浅黄色。眼睑黄色，虹彩灰蓝色。成年公鹅体重 6～6.5 千克，母鹅 5～6 千克。开产日龄为 200～220 天，年产蛋 30 个左右，蛋重为 200～210 克。有较强的就巢性。

溆浦鹅具有良好的产肥肝性能，肥肝品质好，经填肥后平均肝重 488.7 克，最大重量可达 929 克。

3. 雁鹅　雁鹅原产于安徽省六安地区的霍丘、寿县、六安、舒城、肥西及河南省的固始等县，是我国鹅灰色品种中中型鹅种的代表类型，属粗放牧养的肉用鹅种。外貌整齐，适应性强，耐粗饲，抗病力强，生长较快，肉用性能较好，四季均可产蛋抱窝，但产蛋量较少。

雁鹅体形较大,体质结实,全身羽毛紧贴。头部圆形略方,大小适中,头上有黑色肉瘤,质地柔软,呈桃形或半球形向上方突出。眼球黑色,大而灵活,虹彩灰蓝色。喙扁阔,黑色。个别鹅颔下有小咽袋。颈细长,胸深广,背宽平,腹下有皱褶。腿粗短,胫、蹼多数呈橘黄色,个别有一黑斑。爪黑色,皮肤多数黄白色。

公鹅体形较母鹅高大、粗壮,行走时昂首挺胸,叫声洪亮,头部肉瘤大而突出。母鹅性情温驯,叫声较低而清亮。成年鹅羽毛呈灰褐色和深褐色。颈的背侧有一条明显的灰褐色羽带。体躯的羽毛,从上往下颜色由深渐浅,至腹部成为灰白色或白色。除腹部白色羽毛外,背、翼、肩及腿羽皆为镶边羽,即灰褐色羽镶白边,排列整齐。肉瘤的边缘和喙的基部大部分有半圈白羽。雏鹅全身羽绒呈墨绿色或棕褐色,喙、胫、蹼均呈灰黑色。公母成年雁鹅的体重分别约为6.0千克和4.8千克。

在较好的饲养管理条件下,7月龄开产,产蛋量为25～35个,平均蛋重为150克左右。雁鹅在产蛋期间,每产一定数量蛋后,即停产就巢,以后再产第二、第三期蛋,一般每年可间歇产蛋三期,也有少数可产蛋四期,故产区群众称之为"四季鹅"。

4. 浙东白鹅 浙东白鹅是我国著名中型鹅品种,属优良肉用鹅品种。主要产于浙江东部的奉化、象山、定海等县。除具有生长快、肉质好、耐粗饲的特点外,还有较好的产羽绒、产肥肝性能。

成年鹅体形中等大小,体躯长方形。全身羽毛洁白,有15%左右的个体在头部和背侧夹杂少量斑点状灰褐色羽毛。额上方肉瘤高突,成半球形,随年龄增长突起明显。颔下无咽袋。颈细长。喙、胫、蹼幼年时橘黄色,成年后变橘红色,爪玉白色,肉瘤颜色较喙色略浅。眼睑金黄色,虹彩灰蓝色。成年公鹅高大雄伟,肉瘤高突,耸立头顶,昂首挺胸,鸣声洪亮,好斗,啄人。成年母鹅肉瘤较低,性情温驯,鸣声低沉,腹部宽大下垂。成年公母鹅的体重分别为5.04千克和3.99千克。开产日龄一般在140～160天,年可产蛋40个左右,平均蛋重为149克。经填肥后,肥肝平均重392克,最大肥肝600克,肝料比为1:44。肉用仔鹅烫褪毛平均213克,最多达400克。

5. 皖西白鹅　皖西白鹅是我国优良鹅种之一,属优良肉用鹅品种,原产于安徽省西部丘陵山区和河南省固始一带。具有早期生长快、耗料少、肉质好、羽绒品质优良等特点,但产蛋量较少。

皖西白鹅体态高昂,细致紧凑,全身羽毛白色,颈长呈弓形。肉瘤橘黄色,圆而光滑无皱褶。喙呈橘黄色,喙端色较浅。虹彩灰蓝色。胫、蹼呈橘红色。少数鹅的颔下有咽袋。公鹅肉瘤大而突出,颈粗长有力;母鹅颈较细短,腹部轻微下垂。少数个体头顶后部生有顶心毛。成年公母鹅体重分别为6.12千克和5.56千克。

皖西白鹅前期生长较快,在农村较粗放的饲养条件下,出壳体重90克左右,30日龄仔鹅体重可达1.5千克似上,蛋壳白色,平均蛋重为142克。

皖西白鹅的产绒性能极好,羽绒洁白。平均每只产羽绒349克,其中纯绒40～50克,产区出口绒占全国出口量的10%,为全国第一位。为充分利用皖西白鹅的耐粗饲、抗逆性强及绒羽上乘的遗传潜力,有的地区常将其引入与中型白鹅和太湖鹅等杂交。

6. 四川白鹅　四川白鹅原产于四川省温江、乐山、宜宾、永川和达县等地,广泛分布于平坝和丘陵水稻产区,属产蛋较多的优质肉用鹅种,无就巢性,产蛋量较高。肉仔鹅生长速度快,适应性强,耐粗饲,且肉质较好,有较好的产羽绒性能。该鹅放牧饲养90天左右即可提供肥嫩的仔鹅上市,并可获得优质白色羽绒,在平原和丘陵地区很有发展前途。

四川白鹅全身羽毛洁白、紧密,喙、胫、蹼等均为橘红色,虹彩蓝灰色。公鹅体形稍大,颈粗,体躯稍长,额部有一半圆形肉瘤。母鹅体形较小,头部清秀,颈细长,肉瘤不明显。成年公母鹅的平均体重分别为5.0千克和4.9千克。开产日龄一般为200～240

天,年产蛋量可达60~80个,蛋壳白色,蛋重平均为146.28克。

7. 太湖鹅 太湖鹅原产于长江三角洲的太湖地区,是世界著名的一个小型高产品种,属蛋肉兼用品种。太湖鹅体态高昂,体质细致紧凑,全身羽毛紧贴,无咽袋。公鹅肉瘤圆而光滑,颈长,呈弓形,叫声洪亮,喜昂首展翅行走,善护群,喜逐人;母鹅则性情温驯,叫声低沉,肉瘤小。全身羽毛洁白,偶在眼梢、头顶、腰背部有少量灰褐色斑点。喙、胫、蹼均为橘红色,但喙短色浅。爪白色,肉瘤姜黄色,眼睑淡黄色,虹彩灰蓝色。雏鹅全身乳黄色,喙、胫、蹼为橘黄色。成年公母鹅体重分别为4.33千克和3.23千克。

太湖鹅主要用于生产仔肉鹅。产区群众结合农时季节,充分利用春季草地、草滩、绿肥田、麦茬田大群放牧,每只鹅只需补饲碎米、秕谷。70日龄左右即可上市,平均体重可达2.25~2.5千克,关棚饲养时则可达3.08千克。

太湖鹅的产蛋性能较好。母鹅性成熟较早,一般6月龄开产,年产蛋60个左右,高产群可达80~90个,有的甚至达100个以上,最高可达123个,蛋重约135克,蛋壳乳白色且色泽较为一致。

太湖鹅羽绒洁白,轻软,弹性好,保暖性强,经济价值高。每只鹅可产羽绒200~250克。经填饲,平均肝重为251~313克,最大的达638克。

8. 豁眼鹅 豁眼鹅原产于山东莱阳地区,广泛分布于东北的辽宁昌图、吉林通化、黑龙江延寿县等地。豁眼鹅的两上眼睑因有明显豁口而得名,又称为五龙鹅、疤拉眼鹅和豁鹅,为我国北部著名小型鹅品种之一,属蛋用鹅品种。豁眼鹅的特点是抗寒能力极强,能耐受恶劣的环境和饲料条件,而且产蛋量是世界上最高的。豁眼鹅以放牧为主,在补充少量精料条件下,具有年产蛋重达12~13千克的优良性能,可与优良蛋用型鸡和鸭媲美。

豁眼鹅体形轻小紧凑,头中等大,肉瘤光滑,眼呈三角形;上眼睑的豁口为该品种独有的外貌特征。偶有咽袋。颈长呈弓形。背平宽,胸饱满,前躯挺拔高抬。公鹅体形较短,呈椭圆形,有雄相。母鹅体形稍长,呈长方形,腹丰满略下垂,偶有腹褶。脚粗壮,喙、肉瘤、胫、蹼橘红色,虹彩蓝灰色,羽毛白色。山东产区的鹅颈较细长,腹部紧凑,有腹褶者占少数,颌下有咽袋者亦占少数;东北三省的鹅多有咽袋和较深的腹褶。成年公母鹅的体重因产地不同而存在地区性差异。公鹅的体重范围为 3.72~4.6 千克,母鹅则在 3.1~3.8 千克。

母鹅 240 日龄开产,在放牧条件下的年产蛋量可达 80 个左右。半放牧条件下的产蛋量可达 100 个,饲料条件好时更可高达 120~130 个。一般第二、第三年产蛋达到高峰,平均蛋重 120~130 克,蛋壳白色。

9. 闽北白鹅 闽北白鹅原产于福建省北部的松溪、政和、浦城、崇安、建阳、建瓯等县市,为小型优良肉用型品种,具有生长快、产肉率高、耐粗能力强的特点。

闽北白鹅全身羽毛洁白,喙、胫、蹼均为橘黄色,皮肤为肉色,虹彩灰蓝色。公鹅头顶有明显突起的冠状皮瘤,颈长胸宽,鸣声洪亮。母鹅臀部宽大丰满,性情温驯。雏鹅绒毛为黄色或黄中透绿。成年公鹅体重 4.0 千克以上,母鹅 3.0~4.0 千克。

在较好的饲养条件下,100 日龄仔鹅体重可达 4 千克左右,肉质好。母鹅开产日龄 150 天左右,年平均产蛋 30~40 个,平均蛋重 150 克以上,蛋壳白色。母鹅有就巢性。

10. 阳江鹅 阳江鹅原产于广东省湛江地区阳江市,为性成熟最快的肉用鹅品种。

阳江鹅体形中等、行动敏捷。公鹅头大,颈粗,多数为白色,少数为浅绿色。母鹅头细颈长,躯干略似瓦筒形,性情温驯。公鹅躯干略呈船底形,雄性明显。从头部经颈向后延伸至背部,有一条宽 1.5~2 厘米的深色毛带,故又叫黄鬃鹅。在胸部、背部、翼尾和两小腿外侧为灰色毛,毛边缘都有宽 0.1 厘米的白色银边羽。从两侧到尾部,有一条像葫芦形的灰色毛带。除上述部位外,均为白色羽毛。在鹅群中,灰色羽毛又分黑灰、黄灰、白灰等几种。喙、肉瘤为黑色,胫、蹼为黄色、黄褐色或黑灰色。成年公鹅体重 4.2～4.5 千克,母鹅 3.6～3.9 千克。

70～80 日龄仔鹅体重 3.0～3.5 千克,在饲养条件好时可达 5.0 千克。开产日龄 150～160 天。产蛋季节在每年 7 月到次年 3 月,平均每年产蛋量 26～30 个,平均蛋重 145 克。蛋壳白色,少数为浅绿色。

11. 乌鬃鹅 乌鬃鹅原产于广东清远县,属于小型肉用品种,因颈背部有一条由大渐小的深褐色鬃状羽毛带而得名。其特点是早熟性好,肉质优良,觅食能力强,但母鹅就巢性强,产蛋少。

乌鬃鹅体形紧凑,头小、颈细、腿矮,被毛紧贴,体躯宽短,背平。公鹅体形比母鹅大,公鹅体形呈榄核形,肉瘤发达,雄性特征明显;母鹅呈楔形,脚矮小,颈细而灵活。羽毛大部分呈乌棕色,从头顶部到最后颈椎,有一条鬃状黑褐色羽毛带;胸羽灰白色;颈部两侧及腹部为白色和灰白色;翼羽、肩羽和背羽乌鬃色;腹尾的羽绒白色;尾羽灰黑色,呈扇形,稍向上翘起。在背部两边,有一条起自肩部直至尾根的 2 厘米宽的白色羽毛带,在尾翼间未被覆盖部分呈现白色圈带。青年鹅的各部羽毛颜色比成年鹅较深。眼大适中,虹彩棕色。喙、肉瘤、胫、蹼均为黑色。成年公母鹅体重分别为 3.5 千克和 2.9 千克。

采用农家传统饲养方法时,90 日龄重 2850～3250 克;放牧为主,补喂配合饲料时,90 日龄重 3170 克,料肉比为 2.31∶1。

母鹅的开产日龄为 140 天左右,平均年产蛋量为 30～35 个。平均蛋重为 145 克,蛋壳浅褐色。母鹅的就巢性很强,每产完一期蛋就巢一次,每年就巢达 4～5 次。

12. 籽鹅 籽鹅原产于黑龙江省绥北和松花江地区,在黑龙江全省各地均有分布,属小型蛋用鹅品种。具有耐寒、耐粗饲和产蛋能力强的特点,因产蛋多,群众称其为籽鹅。

籽鹅体形较小,紧凑,略呈长圆形。羽毛白色,一般头顶有缨又叫顶心毛,颈细长,肉瘤较小,颌下偶有垂皮,即咽袋,但较小。喙、胫、蹼皆为橙黄色,虹彩为蓝灰色。腹部一般不下垂。成年公鹅体重4.0～4.5千克,母鹅3.0～3.5千克。

母鹅开产日龄180～210天。一般年产蛋在100个以上,多的可达180个,蛋重平均131克,最大153克。

(二)外国鹅的主要品种

1. 非洲鹅 属大型肉用鹅品种。体形粗壮,体躯长、深而宽。颈部厚壮,喙坚硬,成年个体前额有一向前突出的头瘤,下颚及颈上部有一光滑呈新月形的颈垂,随着年龄增加颈垂逐渐伸长。双眼大而深陷,尾部上翘。非洲鹅繁殖年限长,耐寒。

(1)灰色非洲鹅:头浅褐色,头瘤及喙为黑色,眼睛呈深褐色,身体背部、翅膀为灰褐色,颈、胸和体下部为浅灰褐色,最显著的是从头冠直至颈背的一条深褐色纹彩线条。成年鹅的褐色头冠与黑色的喙及头瘤之间有一道窄的白色羽带将其分隔开,双腿与蹼的颜色呈深橘红色到浅橘红色。

(2)白色非洲鹅:全身披白羽,喙、头瘤呈橘红色,脚胫及蹼为浅橘红色,群体数量较少,表型尚未完全一致,而且体形比灰色非洲鹅略小。成年公母鹅体重分别为9.08千克和8.17千克。年平均产蛋量为20～45个。

2. 图卢兹鹅 是世界上体形最大的鹅种,属肉用和肥肝用品种,原产于法国南部的图卢兹市郊区,是法国生产鹅肥肝的传统专用品种。

该鹅具有重型鹅的特征,体形大,羽毛丰满,头大,喙尖,颈粗,体躯呈水平状态,胸部宽深,腿短而粗。颌下有皮肤下垂形成的咽袋,腹下有腹褶,咽袋与腹褶均发达。羽毛灰色,着生蓬松,头部灰色,颈背深灰,胸部浅灰,腹部白色。翼部羽深灰色带浅色镶边,尾羽灰白色。喙橘黄色,胫、蹼橘红色。眼深褐色或红褐色。成年公鹅体重12~14千克,母鹅9~10千克。60日龄仔鹅平均体重3.9千克,仔鹅经填饲后活重达12~14千克。产肉多,但肌肉纤维较粗,肉质欠佳。母鹅开产日龄305天,年产蛋量30~40个,平均蛋重170~200克,蛋壳呈乳白色。

  该鹅易沉积脂肪,用于生产肥肝和鹅油,强制填肥每只鹅平均肥肝重可达1千克以上,一般为1~1.3千克,最大肥肝重达1.8千克。虽然生长快易肥育,但肥肝质量较差,肥肝大而软,脂肪充满在肝细胞的间隙中,一经煮熟脂肪就流出来,肥肝也因之缩小,加上体格过于笨重,耗料多,受精率低,饲养成本很高,所以现在已逐渐被朗德鹅取代。

  3. 朗德鹅 原产于法国西南部的朗德省,是世界著名的肥肝专用品种。毛色灰褐,在颈、背部都接近黑色,在胸部毛色较浅,呈银灰色,到腹下部则呈白色。也有部分白羽个体或灰白杂色个体。体形中等大,胸深背宽,腹部下垂,头部肉瘤不明显,喙尖而短,颌下有咽袋,喙橘黄色,胫、蹼肉色。成年公鹅体重7~8千克,母鹅6~7千克。8周龄仔鹅活重可达4.5千克左右。母鹅6月龄左右性成熟,年产蛋量35~40个,平均蛋重180~200克。母鹅有就巢性,但较弱。肉用仔鹅经填肥后,活重达到10~11千克,肥肝重达700~800克。

  4. 莱茵鹅 原产于德国莱茵州,是欧洲各个鹅种中产蛋量较高的品种,现广泛分布于欧洲各国。莱茵鹅适应性强,食性广,体形中等,喙、胫、蹼呈橘黄色,头上无肉瘤,颈粗短。初生雏背面羽毛为灰白色,随生长周龄增长而逐渐变化,至从6周龄时变为白色。成年公鹅体重5~6千克,母鹅4.5~5千克。母鹅开产日龄210~240天,年产蛋50~60个,蛋重150~190克。仔鹅8周龄体重可达 4~4.5 千克,料肉比 2.5~3.0。适合大群舍饲,是理想的肉用鹅种。产肥肝性能较差,平均肝重只有 276 克。作为母本与朗德鹅杂交,杂交后代产肥肝性能好。

5. **格尔鹅** 是产于法国南部的一种灰鹅,为肉用品种,也是一种很好的生产肥肝用鹅,填肥后活重达 9~10 千克,平均肥肝重 684 克左右。活重与肝重都比朗德鹅轻,但产蛋量比朗德鹅高,年产蛋量可达 40~50 个,因此在法国往往把它用作与图卢兹鹅、朗德鹅杂交的母本。

6. **匈牙利鹅** 原产于多瑙河流域和玛加尔平原。由于不同地区的饲养条件和所处理地理环境不同,它们的体形、毛色、生产性能等也不一样。平原地区饲养的匈牙利鹅体形较大,羽毛一般为白色,喙、脚及蹼为橘黄色。成年公鹅体重达 7 千克,母鹅 6 千克;而多瑙河流域的匈牙利鹅体形较小,成年公鹅体重 6 千克,母鹅 5 千克。匈牙利鹅在科学饲养条件下,产蛋量可达 35~50 个,蛋重为 160~190 克。由于品系不同,部分母鹅有就巢性,影响产蛋量。匈牙利鹅的产肥肝性能较好,一般肥肝重 500~600 克,肝色淡黄,肝的组织结构非常适合于现代化生产。

鹅毛品质也很好,在适宜的饲养管理条件下,每年可拔毛 3 次,可获得高质量的羽绒 400~500 克。

7. **乌拉尔鹅** 属肉用型品种,分布于南乌拉尔地区。乌拉尔鹅躯体长,头较小,嘴直,颈短,胸深,腿短。腹部有不太显著的皱皮。羽毛有白色、灰色和斑纹 3 种。喙和腿呈橘红色。成年公鹅体重 5.5~6.5 千克,母鹅 4.5~5.5 千克。平均年产蛋量 15~20 个,有的高达 28 个。平均开产期为 320 天。

第二章　鹅的繁育与孵化

一、鹅的繁育技术

(一) 种鹅的选择

种鹅是养鹅业的基础,种鹅的质量关系到其后代的生产性能和生产者的经济效益,是生产和效益的重要保证。选种就是按照预定的选育目标,从鹅群中选择出理想型的公、母鹅作种用,淘汰较差的个体。选种的目的在于选出优秀的、并能将其优良的品质遗传给后代的鹅作种用,使鹅的后代群体得到遗传上的改进,提高商品鹅的生产性能和经济效益。选种是选配的基础,而选配所产生的后代,又为进一步选种提供了更加丰富的种源。

鹅的选种方法,常见的有根据鹅的体形外貌和生理特征进行选择和根据记录资料进行选择两种方法。

1. 根据体形外貌和生理特征进行选择　根据体形外貌和生理特征选择种鹅,是鹅群繁育工作中通常采用的简单易行、快速的选种方法。体形外貌和生理特征可以在一定程度上反映出种鹅的生长发育和健康状况,并可作为判断其生产性能的重要参考。这种选择方法尤其适合于生产商品鹅的种禽繁殖场,因为这种繁殖场通常缺少后备鹅群的系谱记录和个体生产性能记载,只能依靠体形外貌与生理特征来选优去劣。国内品种按体形一般可分为大型鹅、中型鹅和小型鹅,各种类型的鹅各具特征和优良性状。所以,在根据体形外貌进行选择时,要注重各品种的外貌特征标准。采用体形外貌选择种鹅,要在不同发育阶段进行多次复选。

(1)雏鹅初选:选留雏鹅的绒羽、喙、胫的颜色和初生体重均应符合品种(系)的特征和要求,杂色雏、发育不良的弱雏一律予以淘汰。孵化季节对雏鹅的生产性能影响较大,早春孵出的雏鹅生长快,体质健壮,开产早,生产性能较高。

(2)育成鹅复选:一般在70～80日龄、120～130日龄和母鹅开产前(公鹅配种前)进行3次复选。在进行第一、第二次复选时,应将公鹅和母鹅分开,在其自由活动的状态下进行选择,将杂色羽、扁头、垂翅、翻翅、歪尾、畸腿等不合格的淘汰。前两次复选时要特别注意种鹅各部分器官发育匀称、体格健壮、骨骼结实、活泼好动、反应灵敏、品种特征鲜明等。第三次复选是在母鹅开产前和公鹅配种前进行。

母鹅的要求:头大小适中、喙不过长、眼睛明亮、有神,颈细、中等长,身体长圆形,羽毛细密、贴身,后躯宽而深,两脚健壮、距离宽,尾腹宽大,尾平。

公鹅的要求:体形大,体质结实、强壮,各部发育匀称,肥度适中,头大,脸宽,两眼灵活有神,喙长而钝,闭合有力,鸣声响亮,颈长而粗大、略弯曲而有力,体躯呈长方形,肩阔胸挺,腹平整、不下垂,腿长短适中、粗而有力,两脚间距宽。有肉瘤的品种要求肉瘤发育良好,雄性特别显著,颜色符合品种特征。此外,在公鹅的选择过程中还要考虑其生殖器官的发育情况和精液品质的优劣等方面。

2. 根据记录资料进行选择 尽管体形外貌与生产性能有密切关系,但是单从体质外形选择,还难于准确地评定种鹅潜在的生产性能和种用价值。种鹅场应做好主要经济性状的观测和记录,并根据这些资料进行更有效的选择。主要的经济性状指标包括繁殖性能、产肉性能、产蛋性能、肥肝和羽绒性能等。根据记录资料可进行以下几个方面的选择：

(1)根据系谱资料进行选择 这种选择方法适合于尚无生产性能记录的幼鹅、育成鹅或选择公鹅时采用。幼鹅或育成鹅尚不能肯定它们成年后生产性能的高低，公鹅本身不产蛋，只有查它们的系谱，通过比较其祖代生产性能的记录，用以推断它们可能继承祖先繁殖性能的能力。从遗传学原理可知，血缘关系愈近的祖代对后代的影响愈大，因此，在运用系谱资料选择种鹅时，祖代中最重要的是父母，一般着重比较亲代和祖代即可。

(2)根据本身生产性能进行选择：本身成绩是鹅生产性能在一定饲养条件下的具体体现，因此，本身成绩可作为选择种鹅的重要依据。系谱选择只能说明该个体某种生产性能的潜在可能性，而本身成绩则反映了该个体实际的生产水平。值得注意的是：根据本身生产性能进行选择只适用于遗传力高的性状，如体重、蛋重和生长速度等；而对于遗传力低的性状的选择采用家系选择方才有效。

(3)根据同胞成绩进行选择：同胞选择即家系选择，这种选择方法对早期选择公鹅最为可行。同胞包括全同胞和半同胞两种亲缘关系。同父同母的兄弟姐妹称全同胞，同父异母或同母异父的兄弟姐妹称半同胞。因为这种血缘关系有共同的父母或共同的父或母，在遗传结构上有一定的相似性，故生产性能与其全同胞或半同胞的平均成绩接近。种公鹅既不产蛋，又无女儿的产蛋成绩，在这种情况下要鉴别种公鹅的产蛋性能，就可由种公鹅的全同胞或半同胞姐妹的产蛋成绩来估测该公鹅的产蛋性能。当全同胞或半同胞数越多时，同胞均值的遗传就愈大，对于一些低遗传力的性状，用同胞资料进行选择的可靠性也增大。另外，对于那些活体不能度量的性状，也可采用同胞选择。但是，同胞测验只能区别家系之间的优劣，而同一家系内的个体就难于鉴别其好坏。

(4)根据后裔成绩进行选择：后裔就是指子女。根据后裔成绩选种是选择种鹅最可靠的方法。因为这种方法选出的种鹅不仅可以判断其本身是优良的个体，而且通过其后代的成绩可以判断是否能够将其优良品质真实稳定地遗传给下一代。种鹅的利用年限可长达4～5年，因此，这种选择方法在鹅的育种工作中更具实用价值。

(5)综合选择：上述4种选择方法并不互相排斥，而是相互补充。实际生产中往往是多个选择方法结合使用。如只有祖代记录时，可根据系谱资料进行初选；有了个体资料时，高遗传力性状可以进行个体选择，而低遗传力性状则需进行家系选择；有时是家系选择后，再进行家系内选择。后裔测定可以作为最终选择的重要依据。

(二)种鹅的选配

选配是在选种的基础上进行的。选配就是把优良的、具有种用价值的种鹅选出后，有目的、有计划地组配公母个体或家系或群体，以便获得体形外貌理想和生产性能优良的后代。选种必须通过选配才能表现其作用，选配决定着整个鹅群今后的改进和发展方向。

1. 选配的方法　按种鹅与配双方的组合方式来分，选配可分为目的选配和随机交配两大类。

(1)目的选配：种鹅的选配通常采用目的选配，根据选配目的的不同，目的选配又分为同质选配和异质选配两种方法。

①同质选配：所谓同质选配，是指选择生产性能或其他经济性状相同的优良公、母鹅进行交配。这种交配可以巩固和加强优良性状，增加亲代和后代的相似性，提高后代个体基因型的纯合性和遗传稳定性。但同质选配容易导致生活力下降，或引起不良性状

的积累,所以,同质选配一般只用于理想型个体之间的选配。

②异质选配:所谓异质选配是指选择具有不同生产性能或性状的优良公、母鹅进行交配。这种选配可以增加后代杂合基因型的比例,降低后代与亲代的相似性,其目的是使后代获得具有亲代双方优点或一方优点的特性。鹅的品种间杂交或品系间杂交多属于异质选配。这种选配方法,是交配双方通过受精过程将遗传物质重新组合,综合了双亲的优点,丰富了群体中所选性状的遗传变异,为进一步选择提供了选种材料。因此,在鹅群繁育中,为了改良鹅群某些性状,可以采用异质选配,提高鹅群的生产品质。例如,法国朗德鹅是世界上著名的肥肝专用品种,但其种蛋受精率较低,严重影响了繁殖率。目前,很多国家引进法国朗德鹅,除直接用于肥肝生产外,主要是利用朗德鹅作父本与本地母鹅进行杂交改良,以提高其后代的填饲肥肝性能。值得注意的是,在鹅群繁育中,应用同质选配和异质选配时,二者既相互区别,又相互联系。即在某阶段以采用同质选配为主,而在另一阶段则以异质选配为主。

(2)随机交配:随机交配不是随便的乱交乱配,而是采用随机法决定与配双方,使每只母鹅都有同等的与每只公鹅交配的机会,以保留种群的优良特性。

2. 配种年龄和配种比例

(1)配种年龄:适时配种才能发挥种鹅的最佳效益。公鹅配种年龄过早,不仅影响自身的生长发育,而且受精率低;母鹅配种年龄过早,种蛋合格率低,雏鹅品质差。中国鹅种性成熟较早,公鹅一般在5~6月龄,母鹅一般在7~8月龄达到性成熟。公鹅的适龄配种期一般控制在10~12月龄,使用年限以3~4年为宜。过老的公鹅由于体质较差,其受精率也相应降低。母鹅养至7个月左右开始产蛋,开产后蛋重达100~130克即可进行配种。母鹅的适龄配种期一般控制在8月龄左右可以获得良好效果。特别早熟的小型品种,公母鹅的配种年龄可适当提前。

(2)配种比例:在鹅群中,如果公鹅过多,容易因争母鹅咬斗发生死亡,或因争配而导致母鹅淹死在水中;公鹅过少时,影响种蛋的受精率。因此,公母配种比例应适当。配种的比例随鹅的品种、年龄、配种方法、季节及饲养管理条件不同而有差别。

一般小型品种鹅的公母配种比例为1:(6~7),中型品种为1:(4~5),大型品种为1:(3~4)。在生产实践中,公、母鹅比例的大小,要根据种蛋受精率的高低进行调整,水源条件好,春、夏和秋初可多配;水源条件差,秋、冬季则适当少配;大型公鹅少配,小型公鹅可多配;青年公鹅和老年公鹅要少配,体质强壮的公鹅可多配。

3. 配种时间和地点　配种时间最好是在母鹅产蛋之后,受精率高。在一天中,早晨和傍晚是种鹅交配的高峰期。据测定,鹅在早晨的交配次数占全天的39.8%,下午占37.4%,早晚合计达77.2%。健康种公鹅上午可交配3~5次。因此,在鹅的繁殖季节,要充分利用早晨开棚放水和傍晚收牧放水的有利时机,使母鹅获得复配机会,提高种蛋受精率。在水源比较充足的地方,公、母鹅一般在自由嬉水时进行交配。在没有水面的地区,公、母鹅也可以在陆地进行交配,但公鹅交配后,往往因阴茎不能立即回缩而被异物污染,造成阴茎受损不能回缩,直至坏死而丧失生殖能力。因此,公鹅配种完毕后应及时观察公鹅阴茎是否回缩,如遇污染可及时用清水洗净污染物,并送回阴茎至泄殖腔,以保持其种用价值。

4. 配种方法　在养鹅生产过程中,鹅配种方法可分为自然交配、人工辅助配种和人工授精等3种。

(1)自然交配　自然交配是指在母鹅群中,放入一定数量的公鹅让其自由交配的方法。自然交配可分为以下几种:

①大群配种:这种方法多在农村种鹅群或种鹅繁殖场采用。即在一大群母鹅中,放入一定数量的公鹅进行配种。这种方法虽

然管理方便，但往往有个别异常强悍的公鹅霸占大部分母鹅，导致种蛋受精率降低。

②小群配种：这种方法多在育种场采用。即用一只公鹅与几只母鹅组成一个配种小群进行配种。母鹅的具体数量可按该品种的公母配种比例来决定。

③个体单配：公母鹅分别养于个体笼或栏内，配种时，一只公鹅与一只母鹅配对配种，定时轮换，这种方法有利于克服鹅有固定配偶的习性，可以提高配种比例和受精率。

④同雌异雄轮配法：采用这种配种方法是为了多获得父系家系和进行后裔测定。具体方法是：先放入第一只种公鹅进行配种，2周后提出；在第三周周末放入配种的第二只公鹅。采用这种方法配种后，前3周的种蛋孵化所得的雏鹅为第一只种公鹅的后代；第4周前3天的蛋不作孵化用，自第4天起即为第二只种公鹅的后代。这样在短期内就可获得两只公鹅的后代。

(2) 人工辅助配种：在孵化繁殖季节，为了使每只母鹅都能与公鹅交配，提高种蛋的受精率，可实行人工辅助配种。这种方法适宜于公鹅体形大、母鹅体形小或没有水源情况下的公母鹅陆地交配。具体做法是：先把公母鹅放在一起，进行配种训练，建立起交配的条件反射。待条件反射建立后，公鹅看到人把母鹅按压在地上，腹部触地，头朝操作人员，尾部朝外时，就会前来爬跨母鹅。操作人员也可以蹲在母鹅左侧，双手抓住母鹅的两腿将其保定，让公鹅爬跨到母鹅背上进行交配。人工辅助配种时，最好是间隔5~6天给母鹅配种一次，一只公鹅一天可配3~5只母鹅。

(3) 人工授精：鹅的人工授精就是人工采集精液给母鹅人工输精配种的技术。鹅的人工授精是一项先进的繁殖技术，是在育种工作中扩大优秀基因影响和组合优良基因的重要手段。

5. 种鹅的利用年限　种鹅的利用年限比其他家禽长。因为鹅的性成熟期较晚，产蛋量随年龄而增加，第二个产蛋年产蛋量比第一个产蛋年增加15%~20%,第三年再增加15%~25%,从第四年开始产蛋性能下降。因此,母鹅的利用年限以3年为宜,公鹅一般是3年更新一次,个别优良的公鹅可延长至4~6年。老龄的种鹅产蛋性能、受精率和配种能力均下降,有的甚至失去种用价值,应及时淘汰。

(三)鹅的经济杂交

为了达到某种经济目的,提高后代的经济效益而进行的杂交称为经济杂交。

1. 经济杂交的种类　根据杂交过程中所用亲本数量的多少及杂交方法的不同,经济杂交可分为二元经济杂交、三元经济杂交和四元经济杂交。

(1)二元经济杂交:也称简单经济杂交,这种杂交方式是用两个种群(品种或品系)进行杂交,其后代不论公、母都作为商品鹅上市出售。这种杂交往往要通过配合力测定试验,筛选出优良的杂交组合,从而来进行杂交生产,其杂交模式见图2-1。

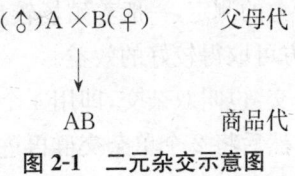

图2-1　二元杂交示意图

这种方法的最大优点是操作简便,配合力测定容易,便于推广。缺点是不能利用杂种母鹅所具有的繁殖性能方面的杂种优势,厂家需要饲养两个亲本纯种鹅群,尤其是母本,对于商品生产厂家来说经济负担较重。简单经济杂交在生产上应用较广泛。例如,太湖鹅具有产蛋多、肉味鲜美的优点,农民常用它来生产肉用仔鹅。但因其体形小,仔鹅期生长速度慢,故不能适应当前市场的需要。为了提高仔鹅的生长速度及产肉性能,以四川白鹅为父本与太湖鹅进行杂交,杂种仔鹅的生长速度比纯种太湖鹅提高15%～25%,且生活力强,易饲养,杂交母鹅的产蛋性能比两个亲本都好,具有较好的杂种优势,很受农民欢迎。

(2)三元经济杂交:就是先用两个种群杂交后所获得的杂种一代母鹅,再与第三个种群的公鹅交配,所生产的三元杂种鹅全部用作商品鹅上市,这样的杂交方式称为三元经济杂交。三元杂交生产的商品鹅的遗传基础比二元杂交丰富,其杂交模式如图2-2。

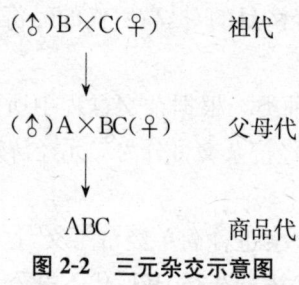

图2-2 三元杂交示意图

这种杂交方式用到了个体的杂种优势和母本的杂种优势,因而杂种优势往往超过简单杂交。但是养鹅场需要饲养3个纯种的种群,需要2次配合力的测定,一般养殖场较难推广。所以养殖场需要与种鹅场配合方可取得较好的效益。

(3)四元经济杂交:也叫双杂交,即用4个品系分别两两杂交,获得2个单杂交群,然后将2个单杂交群再进行第二次杂交,产生的后代全部做商品鹅利用。这样所生产出来的杂交鹅称为四元经济杂交商品鹅,其杂交模式如图2-3。

四元经济杂交遗传基础更加广泛,有更多的显性优良基因互补的机会和更多的互作类型,个体和父、母本的杂种优势均可以被利用。它表现了4个品系的优良性能,能较好地发挥杂种优势。但是四系配套要经过两次杂交制种,从曾祖代到生产出商品代所需要的时间长,制种成本高,配合力测定困难,养鹅厂家可以和种

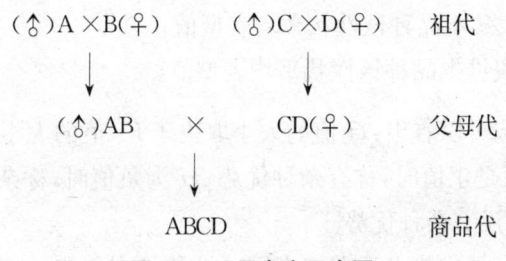

图 2-3 四元杂交示意图

鹅场配合起来进行生产,从而大大提高了经济效益。

　　实际上,用 3 个或 3 个以上的品种或品系进行的杂交又常常被统称为复杂经济杂交。复杂经济杂交是在简单经济杂交的基础上,其杂交一代做商品出售时,还存在着某些缺点,或在生产过程中发现了某些问题或不足,或杂交一代的某些特点有待发挥和利用,若再引入第三个品种的某些优点,则可改进上述的缺点,或弥补某些不足。或者是在生产中,为了达到某种经济目的才采用的一种方法。用 4 个品种或品系进行组合式的配套杂交,可以获得更具经济价值的杂交后代。这种配套杂交形式在国外应用比较普遍,特别是在养鸡业上用得非常广泛。

　　2. 杂交效果的计算方法　两个不同的种群进行杂交时,其杂交后代往往会产生杂种优势,不同的组合所产生的杂种优势其程度会有一定的差异,这就需要计算不同的组合所产生的杂种优势的程度。计算杂种优势的方法是杂交后代在某个性状上的平均表现值与双亲的平均值的差,再被双亲平均值除的商。计算公式为:

$$H = \frac{\bar{F_1} - \frac{1}{2}(S+D)}{\frac{1}{2}(S+D)} \times 100\%$$

式中:H 为杂种优势;

　　$\bar{F_1}$ 代表杂交一代某一性状平均表型值;

S 代表父本品种该性状平均表型值；
D 代表母本品种该性状平均表型值。

从上式可以看出：H 值的大小取决于 $\bar{F}_1$ 值的大小。当 $\bar{F}_1$ 值较大，H 值是正值时，称有杂种优势；H 为负值时，称杂种劣势；H 为零时，称没有杂种优势。

计算杂种优势必须有双亲同一性状的表型值，然而在引进外来品种进行杂交时，往往没有引入种群的表型值资料。这时人们往往用一个亲本品种作为对照，这样就不能计算杂种优势率 H，但可以用杂交改进率来衡量杂交的效果。杂交改进率用 G 表示，计算公式为：

$$G = \frac{\bar{F}_1 - D}{D} \times 100\%$$

式中：G 为杂交改进率；

$\bar{F}_1$ 代表杂交一代某一性状平均表型值；
D 代表某一亲本该性状平均表型值。

式中 G 值越大，改良作用越大；G 值若为负值，说明父本非但没有起到好的改良作用，而且还起了改坏的作用。

例如，甲品种的鹅 70 日龄平均活重为 3.5 千克，乙品种的鹅 70 日龄平均活重为 2.8 千克。将甲品种的公鹅与乙品种的母鹅交配，所生的杂交后代鹅 70 日龄平均活重为 3.3 千克。则：$S = 3.5$，$D = 2.8$，$\bar{F}_1 = 3.3$；所以 $(\frac{S+D}{2}) = 3.15$，$H = (3.3 - 3.15) \div 3.15 \times 100\% = 4.76\%$。

又如，太湖鹅的 70 日龄平均日增重为 35.7 克，用莱茵鹅公鹅与太湖鹅母鹅进行交配，所生仔鹅 70 日龄平均日增重为 42.8 克，那么杂交改进率为 $G = (42.8 - 35.7) \div 35.7 = 19.89\%$。

3. 杂交亲本的选择 经济杂交亲本的确定不但应该重视父、

母本品种,而且还应该注意鹅的一些特种经济性状的选择。

(1)亲本的选择:用来杂交的母本,应该选择群体数量多、产蛋数量多、个体相对较小的品种。用来杂交的父本,应选择生长速度快、饲料利用率高、胴体品质好的品种。用来杂交的父、母本,应选择产地分布距离远,来源差别大,这样的杂交后代其杂种优势明显,杂交的互补性强。

(2)特种经济性状的选择:鹅的羽毛相对于其他家禽来说是鹅的特种经济性状,是养鹅和鹅产品加工的重要收入来源之一,所以要特别注意杂交后鹅毛性状的变化和经济价值。由于白色羽绒的市场价高,养鹅者应注意杂交商品鹅白色羽毛均匀一致。如选用的杂交亲本中一方为白羽,一方为灰羽,则应通过试验证明羽色的显、隐性关系,从而运用遗传学知识固定白色群体的羽色。

(四)鹅的人工授精

1. 公鹅的采精

(1)采精前准备

①器械准备:采精前准备数个水禽输精器(图2-4)和若干个水禽集精杯(图2-5)。用前必须洗净消毒,干燥备用。另外,应备有65%酒精1瓶,65%酒精棉球及消毒的镊子、剪子等,放入经过火焰消毒的瓷盘里,用消毒纱布盖上备用。

②采精公鹅的选择:选好种公鹅是进行人工授精的前提条件,更是人工授精技术成败的关键。所选择的公鹅,一方面必须符合该品种的特征,体躯结实、紧凑,腹部不下垂,阴茎大而长;另一方面还应结合性反应快慢程度,阴茎勃起程度,射精量的多少,以及精液品质来综合考虑。应选择性反应强烈、射精量多、精子活力强、密度大的公鹅作种用。

③按摩训练:鹅的采精法可分为截取法、按摩法、电刺激法和

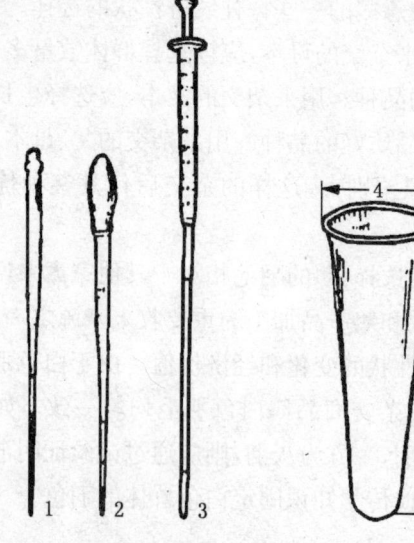
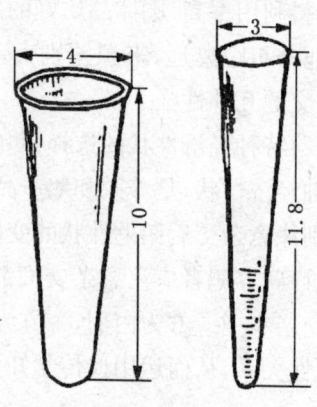

图2-4 水禽输精器
1、2. 有刻度的玻璃管 3. 毫升注射器（前端接无毒塑料管，可以更换，避免污染）

图2-5 水禽集精杯
（单位：厘米）

假阴道法，最常用的采精法为按摩法。按摩法可分为背部按摩、腹部按摩和背腹按摩3种方式。对鹅的采精一般采取背腹部按摩，最好由两人配合训练和采精。用于人工采精的公鹅，必须经过一定时间的按摩训练，建立性条件反射。综合考虑调教训练时间、采精量的多少及精子活力的关系，公鹅的按摩训练的适宜时间为1～2周。采精训练时应注意按摩用力轻重适度，减少鹅的不适反应，更不可用力过猛引起生殖器出血。采精训练时，应剪去公鹅泄殖腔附近的羽毛，并用蘸有灭菌生理盐水的棉球清洗肛门。所选用的公鹅采精训练前应停止供料供水4小时以上，以免排出的粪便污染精液。采精训练的人员应固定，不能随意更换。

（2）采精：采精时，一人抓公鹅，两手分别从两边抓住公鹅的两条大腿股部和两翅膀尖部，将鹅保定于胸前，鹅头夹在右胳膊下面。采精人员坐在凳子上,清洗肛门后按摩。按摩时,左手掌心向下,大拇指和其余4指分开稍弯曲,手掌面紧贴公鹅背部,从翅膀的基部向尾部方向有秩序地进行按摩,1～2秒按摩一次,4～5次后,按摩的左手捎带挤压公鹅的尾根部,同时将右手的大拇指和食指放在泄殖腔的两侧,有节奏地按摩腹部后面的柔软部,并逐渐按摩和挤压泄殖腔环,使阴茎勃起伸出并射精。待阴茎勃起射精时,助手用普通的集精杯或三角量筒(5～10毫升)收集精液。采精者挤压泄殖腔上部位的拇指和食指可以有节奏地、重复地进行挤压和放松,直至公鹅不排精或精液稀薄为止。

一只通过按摩训练已建立良好性反射的公鹅,从采精开始到结束,一般需要20～30秒。采精所需时间的长短因品种不同而有差异,一般小型鹅的性反应较快,大型鹅性反应较慢。如浙东白鹅性反应最快,太湖鹅和豁眼鹅性反应次之,狮头鹅和法国鹅体形较大,性反应较慢,因此,这种鹅按摩的次数要适当多一些,采精所需时间也相对长一些,大约需要30秒至1分钟的时间。

(3)采精时应注意的问题

①采精时按摩的力度要适当,以免因用力过猛引起生殖器官出血或污染精液。另外,由于按摩训练时引起性反射的部位是在尾椎根部和坐骨部,所以,当用手按摩一只性反射较好的公鹅的臀部和尾根部时,其尾巴会反射性地向上翘起,因此,按摩此部位应给予一定的压力,使之产生性反射。

②适时并恰当地按摩和挤压公鹅的泄殖腔环。因为公鹅泄殖腔环处是含有丰富血管的淋巴器官构成淋巴窦的部位,当按摩泄殖腔环两侧时,刺激淋巴窦产生淋巴液流出,流入阴茎窦使之勃起,并使阴茎两侧的淋巴皱褶内缘相接触,形成临时的精液沟;而当阴茎充分勃起时,若拇指和食指挤压的是泄殖腔的下部位(腹侧),就会使处在阴茎基部背侧的输精沟呈开放式状态,精液就从阴茎基部流出。当拇指和食指挤压泄殖腔环的上部位(背侧)时,

就使输精沟完全闭锁,精液沿着输精沟流向阴茎末端,用集精杯就容易收集到洁净的精液。

③要注意防止排出粪便。引起公鹅排粪的原因在于:按摩手法不当,挤压泄殖腔上部时压迫直肠而导致排粪;采精前公鹅饱食,肠道排泄物多,应在采精前4小时停止饲喂。

④合理安排采精时间与采精频率。在大群放牧饲养条件下,公鹅的采精时间安排在上午8时左右进行最为合适。因为公鹅经过一夜的休息,早晨性欲旺盛,具有强烈的交配欲。如果将公鹅放牧后再赶回来采精,精液量既少又较稀薄,甚至有的公鹅采不到精液。主要原因在于公鹅下水后,相互追赶、爬跨,部分公鹅已射精。研究表明:射精量和精子密度会随着采精频率的升高而减少,因此采精间隔时间对种蛋受精率的影响至关重要。如自然交配时,公鹅每天射精多达20次,但在3~4次之后,其精液中几乎找不到精子。经试验测定,公鹅经过48小时的性休息之后,精液量和精子密度便可恢复到最高水平。但间隔时间不能过久,如每6天采一次的射精量与3天采一次的射精量相似。如间隔时间超过2周,会使退化的精子数增加,第一次采得的精液应弃掉不用。

⑤每只公鹅用一个集精杯,不能将几个公鹅的精液进行混合,否则易发生精液凝集,从而使精子活力降低,种蛋的受精率下降。采精前应在集精杯中注入0.5~1毫升生理盐水,即按采精量1∶1稀释。

⑥在采精、稀释过程中要严禁吸烟,并避免强烈光照和较大的温差。在寒冷天气采精时,应在集精杯夹层内先装入10~42℃温水,以防止精子冷休克。精液从采集到输精结束所用时间最长不超过90分钟,以免影响输精效果。

2. 精液品质的检查 公鹅精液品质检查的项目较多,通常可以从颜色、精子活力、精子密度、精液pH、射精量以及抵抗力等方面加以鉴别。

(1)外观检查:正常精液为不透明的乳白色液体,同时,精液的颜色会因公鹅品种的不同而存在较大差异。污染的精液颜色会出现异常现象,混入血液的精液为粉红色;被粪便污染的精液为黄褐色;有尿酸盐混入时,精液呈粉白色棉絮状等。

(2)精子活力检查:精子活力是以在显微镜的视野下,做直线前进运动的精子数量的多少来衡量的。因只有做直线前进运动的精子才有受精能力,所以,若做直线前进运动的精子多,则表明活力强;若做直线前进运动的精子少,则表明活力差。精子活力的检查是于采精后 20～30 分钟内进行。具体操作:取同量精液及生理盐水各一滴,置于载玻片的一端,混匀,放上盖玻片,在 37℃ 条件下,用 200～400 倍显微镜检查。注意所取精液不宜过多,以布满载玻片、盖玻片的空隙,而又不溢出为宜。

(3)精子密度检查:精子密度是用血细胞计数板测定每毫升精液中所含精子数为依据,一般是 4 亿～6 亿个/毫升。具体做法:先用红细胞吸管吸取精液至 0.5 处,再吸入 3% 的氯化钠溶液至 101 处(即稀释 200 倍),摇匀,排出吸管前三滴液体,然后将吸管尖端放在计数板与盖玻片的边缘,使吸管的精液流入计算室内,在显微镜下计数 5 个方格的精子总数(图 2-6),最后,按照公式算出每毫升精液的精子数。所选取的 5 个方格应位于一条对角线上或四个角各取一格,再加中央一方格。计数时只数精子头部 3/4 或全部在方格中的精子(以黑头表示)。

(4)精液 pH 检查:精液的 pH 检查是用 6.4～8.0 的精密试纸测定得出的,各品种公鹅精液的 pH 基本呈中性,只有狮头鹅精液稍偏碱性。

(5)射精量检查:射精量的多少可用具有刻度的吸管、结核菌素注射器或者其他度量器测量得出。公鹅的射精量一般为 0.2～1.3 毫升,公鹅的品种不同,其射精量亦存在差异。

3. 精液的稀释与保存

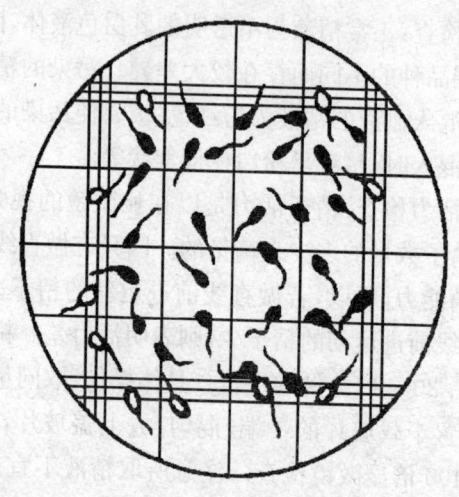

图 2-6　计算精子的方法

(1)精液的稀释:公鹅每次射精量较少,但精子密度较大,通过稀释可以增加精液容量,使受精的母鹅数成倍增加,同时能节省人力和时间,也便于人工授精操作;精液稀释有利于补充营养和保护精子,减轻乳酸对精子的危害,从而延长精子在体外的存活时间,使精液得以充分利用;经稀释的精液可在较高的温度下保存一定时间,这对于探索公鹅精子在母体输卵管内长时间保持受精率的机制也具有重要意义。鹅精液的稀释倍数要根据精子活力和密度来确定,一般为 1:(1～7)。稀释时,应先把吸有与精液等温的稀释液的滴管或注射器的尖端插入精液内,再将稀释液缓慢地挤入精液中。实践证明,如果将几只公鹅的精液混合后再稀释,易出现精子凝集现象,使精液品质下降,种蛋受精率降低。所以,不能将几只公鹅的精液混合共同稀释。下面介绍几种精液稀释液配方:①谷氨酸钠 2.8 克,葡萄糖 1.8 克,蒸馏水 100 毫升;②柠檬酸钠 3.0 克,蛋黄 100 克,蒸馏水 100 毫升;③柠檬酸钾 0.128 克,醋酸钠 0.513 克,谷氨酸钠 1.920 克,葡萄糖 1.0 克,氯化钠 0.0676

克,蒸馏水100毫升;④氯化钠1.0克,蒸馏水100毫升。

(2)精液的保存:精液的保存依据保存时间长短的不同可采取不同方法,若短时间(小于72小时)可采取液态保存,若长时间保存可采取冷冻超低温(-196℃)保存。

①精液的液态保存:在适宜的环境条件下,精子活力强,代谢旺盛,而精液内和精子本身所含的代谢基质有限,精子会在较短的时间内由于营养耗尽而衰竭死亡。因此,精液采集后若不能在30分钟内输完,就必须进行保存。精液液态保存的目的是延长精子的存活时间,一方面要补充外援性能源物质;另一方面要限制其新陈代谢的反应速度,以减慢能量消耗。从精子的生理特征来看,精子的代谢活动主要受环境温度和pH值的影响,在温度较高、pH中性偏碱时精子的代谢增强,运动活泼,能量消耗快;而在低温、pH中性偏酸的环境中,精子的运动减弱,代谢水平降低,有利于较长时间存活,并且当温度回升到适宜的水平时,精子的活力也可恢复,而不影响其受精能力。鹅精液的液态保存温度以2~5℃为宜,如果在0℃下保存,会造成精子冷休克,即便恢复到适宜精子存活的温度,精子也不易复苏且活力下降。

②精液冷冻保存:精液冷冻保存可以提高优秀种公鹅的配种效率,加快品种的改良速度,使育种工作不再受时间和地域的限制,可在世界范围内交流优良基因,建立巨大的优良基因库;应用冷冻精液可在同一时间用一只公鹅给大量母鹅授精,加快后裔测定的速度,提高选种的准确性。

冻精前的准备:冻精前必须洗刷、消毒好所用的器材和用具。玻璃器具和金属用具必须干热灭菌,即用蒸汽灭菌20~30分钟。金属器械如剪、镊子等用火焰消毒亦可;冻精用的铜网和氟板可用75%酒精擦拭消毒。

精液滴冻前的准备:首先用灭菌消毒白布铺在操作台上,预备好精液处理用玻璃器具、灭菌纱布袋、温度计等,同时将广口暖瓶用灭菌毛巾擦干内胆,然后先倒入少量液氮,使广口暖瓶内胆处于充分预冷状态,再倒入氮到容量的4/5,待氮停止沸腾声后,放入铜网入氮液内1～1.5厘米处,待网面氮干燥后,将精液以0.1毫升剂型滴冻。也可将聚乙烯氟板(0.5厘米厚,15厘米×15厘米)浸入液氮,待沸腾声消失后,立即拿出放在消毒布上擦干氮后,迅速滴冻,然后置于距氮面3.5厘米处,上盖熏蒸5分钟,浸入液氮中。

精液滴冻:冷冻精液必须先用含有防冻剂的冷冻稀释液稀释1:(1～2)之后,放入3～4℃的冰箱内平衡1～2小时(含甘油的稀释液)。滴冻初期液氮面盛器上的温度在-35℃以下,最终温度为-196℃。每次滴冻后加盖熏蒸2～5分钟,滴冻剂量一般为0.1毫升,含有效精子数1000万～1500万个。滴冻时可用1毫升注射器或0.1毫升吸管进行,以确保滴冻准确。滴冻后取1粒放在45℃水浴中干解,检查精子活力在0.3以上时,装入纱布袋中液氮保存。

4. 输精

(1)输精方法:母鹅的输精方法通常有:直接插入法、手指引导法、外翻法和注射器输精法等几种,但直接插入阴道输精法简便、易行,且准确率高,在生产实践应用较普遍。输精过程是:助手将母鹅固定在输精台上,输精者左手将母鹅的尾羽拨向一边,大拇指紧靠泄殖腔下缘,轻轻向下压迫,使泄殖腔张开,右手持输精器插入泄殖腔后再向左下方插入5～7厘米,输精器便插入输卵管口内,母鹅较敏感,呈蹲伏不动之状,这时左手拇指放松,稳住输精器,右手用输精器输入所需的精液量,拔出输精器,输精即完成。输精时,如果两手配合不协调,输精器刚接触到泄殖腔,肛门括约肌反射性收缩,把输精器拒之门外,这时不能插,应用左手拇指和食指先把肛门张开,然后再插;有时,由于鹅的努责使腹内压升高或是鹅采食过多,肠内容物使输卵管位置改变,引起输精困难,这时要通过改变输精器的角度进行输精;当鹅的输卵管内有蛋时,应沿蛋壁插入管内,动作要轻缓稳当,以免引起输卵管炎症或造成死亡。

(2)输精时应注意的问题

①输精时所用的一切器械每次用完都要进行严格消毒后才能继续使用。输精时要排除输精器内的气泡,否则会使输入精液外溢,影响种蛋受精率。

②母鹅输精时间一般每隔5~7天输一次,不宜超过9天,第一次输精时,可在次日加输一次。有资料表明,输精间隔对平均受精率的影响是很大的,输精间隔6天、9天、12天时,平均受精率分别为91%、85%、72%。每次的输精时间应在下午空腹时较好,即在大部分母鹅产蛋之后进行输精,方便精子进入输卵管内与卵子结合。为减少外界影响,稀释后的精液不宜放置时间过长,最好在采精后半小时内输完。

③母鹅每次的输精量应掌握在有效精子数量3000万~4000万个,每次精液量原精为0.03~0.05毫升,若用稀释精液,用量为0.05~0.1毫升,输精时精液的温度应在38~39℃,温度达不到时应采取升温措施。

④输精过程中,动作要轻缓稳当,不可用力过猛,以免损伤母鹅生殖道。输精部位要适中,以插入泄殖腔4~6厘米的中等深度为宜,过浅易外溢,过深影响种蛋孵化效果,增加死胚。数据显示,输精深度在3厘米以下、4~6厘米、7~10厘米时,7日内的受精率分别为28%、91%、59%。

⑤对患有生殖道炎症等疾病的母鹅,不宜输精,应及时隔离治疗。每输完1只母鹅,要用酒精棉球对输精器进行清洁消毒,以防交叉感染。

⑥为减少鹅的应激,提高输精效果,输精人员最好固定专人。输精过程中不能追赶产蛋母鹅,应轻抓轻放,以减少母鹅产生应激

反应,影响产蛋率。

⑦每次输精后应做好记录,防止漏输和重复输精。输精72小时后的种蛋才能收集作为种用,否则未受精。用于人工输精的母鹅群体不能过大,一般每群以100只左右为宜,以便于输精。

二、鹅的孵化技术

孵化是养鹅生产中的一个重要环节,孵化得好坏,不仅影响孵化率的高低,而且关系到雏鹅的成活、生长和将来的生产性能。为取得良好的经济效益,养鹅生产必须重视孵化,熟练地掌握孵化技术,以取得较好的孵化效果。

(一)种蛋的管理

1. 种蛋的收集 根据鹅群的生产需要,确保母鹅产蛋处安静、安全卫生,应采取不同的集蛋方式。

(1)小群配种群:应配置产蛋箱,箱内垫料要清洁、干燥、柔软,调教母鹅在产蛋箱内产蛋,集蛋时在蛋上记母鹅号,以便系谱孵化。

(2)大群配种群:应搭建产蛋棚,光线应稍暗些,调教母鹅在产蛋箱内产蛋。垫料要洁清干燥。

集蛋时间在凌晨4时和上午6～7时,分两次收集。产于水中的鹅蛋不宜作为种蛋用。种蛋收集后,应放置于孵化盘内或集蛋箱内,及时消毒后转入种蛋库内贮存。

2. 种蛋的选择 种蛋的品质是保证高孵化率的关键,对雏鹅质量也有较大的影响。因此,入孵之前,应对种蛋进行严格的选择。

(1)种蛋来源:种蛋应来自品种优良、繁殖力高、健康的鹅群,种鹅开产前1个月,应注射小鹅瘟疫苗,最好相隔一周再接种一次加强免疫;饲料的营养物质全面,公母配比适当,受精率至少在80%以上。若限于本地条件,也可从固定的养鹅户中收购。

(2)种蛋的新鲜程度:刚产下的蛋,气孔通气性较差,孵化效果不太理想。产下后3~5天的种蛋,孵化率最高。保存时间超过7天,孵化率下降严重。

(3)蛋壳的清洁度:蛋壳表面如果有粪便或脏物污染,易被细菌入侵,引起腐败,同时堵塞气孔,影响气体交换而形成死胎,降低孵化率。

(4)蛋形与大小:种蛋应选择大小合适、形状正常的椭圆形蛋(符合本品种或品系的标准),这种蛋在孵化过程中受热均匀,出雏整齐,孵化率高。蛋形状常用蛋形指数衡量。蛋形指数指蛋的横径与纵径的比值。鹅蛋的适宜蛋形指数为0.74~0.77。过长、过圆、腰鼓形、橄榄形等畸形蛋,其孵化率、健雏率明显低于正常形状的蛋,不能用作孵化。

种蛋的大小可以用重量来衡量,不同品种蛋重差异较大。种蛋的重量应符合该品种(品系)的蛋重标准,大型鹅适宜蛋重为160~220克,中小型鹅为120~160克。过大的种蛋孵化率较低。过小的种蛋,雏鹅出生重偏低,体形偏小,成活率低。一般出壳体重为蛋重的60%~70%。

(5)蛋壳的颜色:蛋壳颜色是品种特征之一,种蛋应符合本品种的标准颜色,否则可能是品种混杂或蛋壳质量差所致。

(6)蛋壳结构与品质:蛋壳结构应致密均匀,厚薄适度。蛋壳过厚的种蛋(钢皮蛋),孵化时受热缓慢,气体交换和水分蒸发不良,胚胎破壳困难,孵化率低。蛋壳过薄的种蛋(沙皮蛋)水分蒸发过快,失重过多,易破碎,还可能造成代谢障碍。一般鹅蛋的蛋壳厚度为0.45~0.60毫米。另外,应剔出破壳蛋和裂壳蛋。

3. 种蛋的贮存 种蛋在入孵前一般都要经过短时间的贮存。既使种蛋来源于优秀的种鹅群,又经过严格的挑选,品质优良,如果保存条件较差,保存方法不当,对孵化效果也会有不良影响。尤其在冬、夏两季更为突出。因此,应提供适宜的保存条件。

(1)种蛋贮存室的要求:大型孵化场应有专门保存种蛋的贮存室。贮存室要求为隔热性能良好、无窗式的密闭房间。此外,贮存室内还应配备恒温控制的采暖设备以及制冷设备,配备湿度自动控制器。种蛋贮存室应便于清洗和消毒,与鹅舍之间的距离越远越好。

(2)贮存时间:种蛋保存时间越短,孵化率越高。随着种蛋保存期的延长,孵化率会逐渐降低。种蛋保存7天以内为宜,夏天以保存3天为宜。种蛋的保存原则为:天气凉爽(早春、春季、初秋),保存时间可相对长些,严冬酷暑,保存时间应相对短些。所以在可能的情况下,种蛋越早入孵越好。

(3)保存温度和湿度:胚胎发育的临界温度为23.9℃,超过这一温度胚胎开始缓慢发育,尽管发育程度有限,但细胞的代谢会逐渐导致鹅胚衰老和死亡。

为了抑制酶的活性和细菌繁殖,种蛋应在低于胚胎发育的临界温度以下保存,但不能太低,温度若低于0℃,种蛋易受冻,受冻的蛋失去孵化能力。种蛋保存的适宜温度为12~15℃。保存时间不同也有差异,保存在7天以内,控制在15℃较适宜;7天以上以12℃为宜,不能低于10℃。高温对种蛋的孵化率影响也极大。贮存前,如果种蛋的温度高于保存温度,应逐步降温,使蛋温接近贮存室温度,然后将种蛋放入贮存室。

相对湿度过高,容易引起种蛋发霉;湿度过低,蛋内水分过分向外蒸发,气室增大,引起种蛋失重过多,也会影响孵化效果。保存的湿度以近于蛋的含水量为最好,贮存室内相对湿度一般控制在75%~80%,既可明显减少蛋内水分蒸发,又可抑制霉菌生长繁殖。

(4)种蛋的保存用具:种蛋最好放在内侧壁带有缝隙的蛋箱

里,不能密闭堆放在柜子里,特殊情况需要较长时间保存种蛋,可将种蛋用质地柔软不透气的塑料袋装好,往内填充氮气,密闭后放在蛋箱内,这样可阻止蛋内物质的代谢和病原微生物的侵入与繁殖,防止蛋内水分过分蒸发。这种方法即便种蛋保存期延长到2～3周,孵化率仍可达到75%～78%。存放期在7～10天以内的,可将种蛋排放在蛋盘或蛋托上,放入蛋库内保存,每天翻蛋1～2次。最好小头朝上放置,这样使蛋黄位于蛋的中心,防止系带松弛和蛋黄贴壳,避免胚胎与蛋壳膜的粘连,即使在保存期内每天转蛋,也能防止孵化率的急剧降低。

4. 种蛋的运输 种蛋最好采用种蛋专用箱包装。种蛋箱要结实,能承受一定的压力,每一小纸格内放一枚种蛋,避免相互接触,防止运输途中的碰撞。一个种蛋箱放200枚种蛋为宜。如无专用蛋箱,也可用一般的纸箱或箩筐等,但蛋与蛋之间,层与层之间应用柔软物品(如碎稻草、木屑、稻壳等)填充。包装时,钝端向上放置。运输时,要求快速平稳安全,防雨淋,防冻,防震荡,因为震荡易使种蛋系带松弛,使胚盘与蛋壳膜粘连,造成死胎或破壳、裂纹,降低孵化率。装卸时要轻装轻放,严防强烈震动。种蛋运到目的地后,应立即开箱检查,取出种蛋,剔除破损蛋,进行消毒,尽快入孵。

5. 种蛋的消毒 鹅蛋产出后,常被粪便、垫草等所污染。因此,种蛋收集后,应立即消毒,否则细菌即通过蛋壳的气孔进入蛋内,影响种蛋孵化率和雏鹅品质。常用的消毒方法有以下几种:

(1)浸泡法:把种蛋浸入消毒液中1～2分钟,取出晾干后入孵或装盘存放。浸泡法消毒适用于入孵前种蛋的消毒,蛋壳表面易被污染物污染,浸泡取出后,可随即将污物擦去,使其保持清洁,消毒效果很好,而且还能起到预热种蛋的作用。消毒水温应保持在43～45℃为好。无论如何,消毒液的温度在任何季节或情况下都应略高于蛋温。如果消毒液的温度低于蛋温,种蛋由于受冷使蛋的内容物收缩而形成负压,反而会使少量蛋面上的微生物通过蛋壳上的气孔进入蛋内,影响孵化效果。可以采用的消毒液分别有:浓度为 0.02% 的高锰酸钾液、0.1% 碘液、0.1% 的新洁尔灭液及 0.025% 的季铵盐溶液。

消毒液的配制方法:可用浓度为 5% 的新洁尔灭母液 1 份,加 40℃ 温水稀释 50 倍,即可配成 0.1% 的新洁尔灭溶液;碘液可用碘 0.5 克或碘化钾 7.5 克,清水 500 毫升,混合均匀,配成浓度为 0.1% 的溶液。

(2) 喷雾法:可用浓度为 0.1% 新洁尔灭或 0.02% 的季铵盐等,装入喷雾器,直接喷洒到种蛋表面消毒。喷雾时注意要喷到每个种蛋的表面。

(3) 熏蒸法:福尔马林熏蒸法是目前应用最广的消毒方法,效果很好,而且操作简便,种蛋在消毒室内和孵化机内都可以应用。具体方法为:先将福尔马林液(40%)倒入容器中,再将高锰酸钾晶体用厚纸包好,放入福尔马林药液中,让其慢慢反应。必须防止沸腾造成药液外溅,以免烫伤工作人员,且达不到消毒效果。每立方米空间福尔马林液 30~40 毫升,高锰酸钾 15~20 克,两种药物经过化学反应放出烟雾气体,熏蒸 20~30 分钟,然后用换气扇等排出气体。

(二)鹅的胚胎发育

1. 蛋形成过程中的胚胎发育　卵子在输卵管伞部受精后不久即开始发育,到蛋产出体外为止,约经 25 小时的不断分裂而形成一个多细胞的胚盘。受精蛋的胚盘为白色的圆盘状,胚盘中央较薄的透明部分为明区,周围较厚的不透明部分为暗区。无精蛋也有白色的圆点,但比受精蛋的胚盘小,并没有明、暗区之分。胚胎在胚盘的明区部分开始发育并形成两个不同的细胞层,在外层的叫外胚层,内层的叫内胚层。胚胎发育到这一时期即为原肠期。鹅胚形成两个胚层之后蛋即产出,遇冷暂时停止发育。

2. 在孵化期的胚胎发育 在适宜的孵化条件下,胚胎继续发育。鹅的孵化期为 31 天,但胚胎发育的确切时间受许多因素的影响,如品种、经济类型、蛋形大小、种蛋贮存时间、孵化温度等,孵化期过长或过短对孵化率和雏鹅品质都有不良影响。在孵化过程中,胚胎主要靠胚膜吸收蛋内营养物质,并通过胚膜、气室、蛋壳气孔与外界进行气体交换,通过不断的新陈代谢完成其发育。

孵化 1~2 天:照蛋时可看见蛋黄表面出现一颗微透亮的圆点,称为"鱼眼珠"。此时胚盘重新开始发育,扩大明显,明区呈梨形或圆形,出现原条器官原基。

孵化 3~3.5 天:照蛋时可以看到胚胎及伸展的卵黄囊血管形状像一只蚊子,称为"蚊虫珠"。此时内脏器官形成,尿囊开始发育,卵黄由于蛋的水分继续深入而明显扩大。

孵化 5.5~6 天:照蛋时蛋黄不易随蛋转动,即为"钉壳";胚胎和卵黄囊血管形状像一只蜘蛛,称为"小蜘蛛"。此时胚胎头部明显增大,并与卵黄分离,尿囊从脐带向外突出,形成一个有柄的囊状。卵黄囊血管贴靠卵壳,使胚胎容易通过卵壳的气孔进行气体交换。

孵化 7~7.5 天:照蛋时可明显看到黑色的眼点,俗称"起珠"或"单株",这是因为胚胎眼球内大量的黑色素沉积。此时,胚胎四肢开始发育,弯曲加大。

孵化 8~8.5 天:照蛋时可看到两个小圆团,称为"双珠"。两个小圆团,一个是头部,一个是极度弯曲的躯干部。此时,胚胎的躯干增大,羊膜开始收缩,胚胎开始活动。

孵化 9~9.5 天:照蛋时因为羊水显著增多,胚胎在羊水中不易看清,故称为"沉"。此时,胚胎已出现明显的鸟类特征,颈伸长,翼喙明显,肉眼可区分出雌雄性腺。卵黄增值最大重量,蛋白重量下降。

孵化10~10.5天:照蛋时从正面可看到胚胎,像在羊水中浮游一样,故称为"浮";背面转动时,两边卵黄不易晃动,称为"边口"或"发硬"。此时,胚胎四肢成形,用放大镜能看到羽毛原基。

孵化11.5~12.5天:照蛋时转动蛋,两边卵黄易晃动,故称为"晃得动";背面尿囊血管伸展迅速,越出卵黄,称为"发边"。此时,尿囊迅速向小头伸展,胚胎的羽毛明显突出,腹腔愈合,软骨开始骨化。

孵化15~16天,尿囊血管在蛋的小头合拢,称为"合拢"或"长足"。此时,整个蛋除了气室外都布满了血管,胚胎体躯生出羽毛。

孵化17天:血管开始加粗,颜色开始加深,各器官进一步发育。

孵化18天,照蛋时可见到血管加粗,颜色进一步加深,背面左右两边卵黄在大头连接。

孵化19~23天:照蛋时可出现小头发亮的部分随胚龄的增长而逐日缩小。胚胎大量吞食稀蛋白,尿囊中有白色絮状排泄物出现,绒毛明显覆盖全身。由于卵内水分蒸发,气室逐渐增大。

孵化23.5~24天:照蛋时小头已看不到发亮部分,称为"封门"。因为小头蛋白已经全部输入羊膜囊,这时解剖胚蛋,蛋壳与尿囊极易剥离。

孵化25~26天:照蛋时可以看到气室向一侧倾斜,这是胚胎转身的结果,称为"斜口"或"转身"。此时胚胎转身,喙开始转向气室端,蛋白基本用完。胚胎全身已无蛋白粘连,绒毛清爽,已有少量卵黄经卵黄膜进入腹中。

孵化27.5~28天:照蛋时气室内可看到黑影闪动,称为"闪毛"。此时胚胎大转身,颈部及翅部突入气室内,气室边缘可见黑影闪动,俗称"闪毛"。尿囊血管逐渐萎缩。

孵化28.5~30天:喙开始穿破壳膜,深入气室内,称为"起嘴",而后开始啄壳,称为"打嘴"或"啄壳"。此时可听见叫声,肺部开始呼吸,尿囊血管枯萎,开始出雏。

孵化 30~31 天:大量出壳。

(三)孵化条件及影响孵化率的因素

1. 孵化条件　鹅蛋的孵化条件包括温度、湿度、通风换气、翻蛋和凉蛋等。

(1)温度:温度是鹅蛋孵化最重要的孵化条件。只有适宜的孵化温度才能保证鹅蛋中各种酶的活动和胚胎正常的物质代谢,从而保证胚胎正常的生长发育。温度偏高时,鹅胚发育较快,孵化温度超过 42℃,经 2~3 小时,胚胎就会全部死亡;温度偏低时,胚胎发育减慢,低至 24℃时,胚胎经 30 小时就会全部死亡。一般情况下,鹅胚胎发育的温度范围为 36.9~38℃。温度应随着不同的胚胎发育阶段而变化。孵化早期胚胎的物质代谢处于初级阶段,产热很少,因此应该稍高些,而且必须稳定,促进胚胎发育,一般在 15℃室温下,需 38℃左右;孵化中期,随着胚胎进一步发育,物质代谢日益增强,自体产热量也逐渐增加,则需要比孵化初期稍低的温度;到孵化后期,由于鹅蛋蛋黄中脂肪含量较高,胚胎物质代谢旺盛,产生大量体热,需要低一些的温度,一般为 36.9~37.2℃。孵化温度的控制通常采用"恒温"和"变温"两种施温方案。

①恒温孵化:当种蛋来源少或室温过高,进行分批入孵时,可采用恒温孵化的施温方案,以满足不同胚龄的需要。恒温孵化时,新老蛋的位置一定要交错放置,老蛋多余的热量被新蛋吸收,解决了在同一温度下新蛋温度偏低、老蛋温度偏高的矛盾,从而提高了孵化率。但应注意,在孵化过程中,应随时检查孵化机内的温度是否均匀,孵化机内上下、前后、左右的温差一般不超过 0.1~0.2℃。如果温差较大时,可以结合上下、前后、左右调盘,使各批

蛋受热均匀。整个孵化过程分为孵化期和出雏期两个阶段,孵化期指1～27胚龄,适宜温度为37.8℃,在入孵的头三天应采用38.1℃的孵化温度。出雏期是指28胚龄至出壳,适宜温度为36.8～37℃。

②变温孵化:当种蛋数量多或孵化机容量小,采用整批入孵时,采用前高后低的变温孵化法效果较好,具体的孵化温度根据季节、室温、胚胎发育情况来定(表2-1)。

表2-1 鹅蛋变温孵化的施温方案

品 种	孵化室温度(℃)	1～6天	7～12天	13～18天	19～28天	29～31天	适合季节
		孵化机内温度(℃)					
中小型鹅	23.9～29	38.1	37.8	37.8	37.5	37.2	早春、冬
		38.1	37.8	37.5	37.2	36.9	春
	29～32.2	37.8	37.5	37.2	36.9	36.7	夏
大型鹅	23.9～29	37.8	37.5	37.5	37.2	36.9	夏

(2)湿度:湿度也是孵化的重要条件之一,孵化器内的相对湿度对胚胎的正常物质代谢有密切关系,合适的湿度可以控制蛋内水分的蒸发速度,使胚胎正常发育。若相对湿度偏低,蛋内水分蒸发快,引起胚胎与胚膜粘连,影响雏鹅出壳,而且由于蛋失重过度,出壳后雏鹅体重轻,体形小,绒毛稀短,活力差;若相对湿度过高,会妨碍蛋内水分蒸发及正常气体代谢,甚至可引起胚胎的酸中毒,孵出的雏鹅大肚子多,卵黄吸收不良。

孵化期间湿度变化总的原则是"两头高,中间低"。孵化初期,胚胎产生羊水和尿囊液,相对湿度控制在70%～75%为宜;孵化中期,胚胎要排除羊水和尿囊液,相对湿度控制在50%～60%为宜;孵化后期,相对湿度控制在70%～80%为宜。

(3)通风换气:胚胎在发育过程中需要吸收氧气,同时排出二氧化碳。对氧气的需要量随胚龄的增加而增加。孵化初期胚胎的物质代谢处于初级阶段,氧气需要量较少,胚胎通过卵黄囊血液循环利用蛋黄中的氧气;孵化中期胚胎的代谢作用加强,氧气需要量增加,尿囊形成后,通过蛋壳气孔利用空气中的氧气,排出二氧化碳;孵化后期胚胎的呼吸转为肺呼吸,每昼夜氧气需要量为孵化初期的 100 倍以上。在变温孵化时,孵化的中、后期应逐渐加大通风量;恒温孵化时全程应适当加大通风量。

通风、温度、湿度之间有着密切的关系,如果孵化机内空气流通量大,通风良好,散热快,则湿度较小;反之,湿度较大,余热增加,通风量过大,机内温度和湿度难以保持。因此,这三者之间应互相协调,在控制好温度、湿度的前提下,调整好通风量。一般孵化机内风扇的转速为 150~250 转/分,每小时通风量以 1.8~2 立方米为宜。同时,还应根据孵化季节、种蛋胚龄大小,调节进出气孔,以保持孵化机内空气新鲜,温度、湿度适宜。

(4)翻蛋:翻蛋的目的是为了防止胚胎与蛋壳粘连,促进胚胎运动,保持胚位正常,同时也可以扩大卵黄囊膜血管、尿囊血管和蛋黄蛋白的接触面,促进胚胎吸收营养。翻蛋还能调节蛋面温度与湿度,使整个蛋面受热均匀,发育整齐,便于出雏。翻蛋角度以前仰后俯各 50°~60°为宜。每昼夜必须定时翻蛋,一天应翻蛋 8~12 次,不能少于 4 次。一般来说,翻蛋角度大,翻蛋次数应少些;反之,则次数多些。翻蛋在孵化前期和中期对孵化效果影响较大,到孵化后期,特别是出壳前几天可不再翻蛋。采用立体箱式孵化,每 2 小时自动翻蛋 1 次,可以通过调节蛋盘角度完成。

(5)凉蛋:凉蛋是指孵化过程中胚蛋的短期降温过程。由于鹅蛋蛋大,脂肪含量高,随着孵化胚龄的增加,脂肪代谢加强,胚胎产热量和散发的热量也随之增多。如果多余热量散发缓慢,会使蛋温升高而影响胚胎发育,到孵化后期,甚至会由于自身产热过多而烧死胚蛋。所以鹅蛋自孵化中期开始最好凉蛋。

凉蛋一般从孵化第 14 天至第 24 天,每天凉蛋 1～2 次,从第 25 天起增加凉蛋次数,每天 2～3 次。凉蛋时间随季节、室温、胚龄的不同而不同,每次凉蛋 20～30 分钟,凉到用眼皮感觉蛋壳温和不烫即可,此时蛋温为 30～32℃。机器孵化时可采用机内凉蛋和机外凉蛋,机内凉蛋就是关闭机内热源,启动风扇,打开机门,使蛋温下降,此方法适用于整批入孵、气温不高的季节;而机外凉蛋多用于孵化后期,间隔从蛋架上抽出 1/3 蛋盘,放置于机外降温。如果蛋温过高,达到烫眼皮的程度,应立即将蛋架(车)拉出机外放凉,并用喷雾器把 20～25℃ 的洁净水均匀喷洒到蛋表面,靠水分蒸发,迅速降温。这种方法适用于高温季节和分批入孵。注意机内通风凉蛋和机外喷水凉蛋都应根据胚胎发育情况灵活运用。如果发现超温严重,胚胎发育过快,凉蛋时间应提前或增加凉蛋次数和凉蛋时间,有时可结合翻蛋进行凉蛋。

2. 影响孵化率的因素 鹅蛋孵化率的高低受许多因素的影响,概括起来可分为内部原因和外部原因。内部原因是指种蛋产出以前,种蛋在母鹅体内形成,当鹅蛋产出时已定型了,种蛋的品质好坏这时应由种鹅决定。外部原因系指种蛋产出后直到孵化结束,环境条件、人为因素对种蛋保存和孵化条件的掌握以及控制。两种因素对孵化成绩的好坏具有同等重要意义。生产实践表明,内部因素对鹅种蛋品质的影响,主要表现在孵化前期 2～4 天,胚胎死亡率增加;外部因素主要是在孵化 26～30 天胚胎死亡增加。在孵化生产中我们把这两个容易引起鹅胚死亡时期,称为胚胎死亡高峰期。在前期正是胚胎生长、形态变化显著时期,各种胎膜相继形成,生理机能尚不完善,适应能力弱。若孵化条件引起变化,首先死亡的是种蛋品质差的胚蛋。孵化后期,正是胚胎从尿囊呼吸过渡到肺呼吸,生理上发生了根本的变化。此期间胚胎需氧量剧增,自温能力大大加强,如这时孵化技术掌握不好,尤其是供氧和驱散胚蛋余热不及时,将会首先引起弱胚的窒息而死或胚蛋破壳困难,不能顺利出雏。

(四)孵化方法

1. 机器孵化法　机器孵化法具有孵化量大,管理自动化程度高,劳动强度小,种蛋破损率低,孵化率高及雏禽品质好等优点。在使用机器孵化时,按其工艺过程,应做好以下几项工作。

(1)孵化前的准备

①设备检修和试机:为避免孵化过程中途发生事故,孵化前应做好孵化机的检修工作,包括电热丝(管)风扇、电动机的性能,孵化机的保温、控温、控湿、通风、翻蛋等控制系统的性能,温度计的准确性也要校正。另外,在入孵前,进行孵化器的试机运转,待试机24小时一切正常后,方可入孵。

②种蛋的预热:将待孵种蛋提前放置于25℃的环境下5~7小时,使蛋预热后再入孵,特别是冬季和早春气温较低时,应防止将冷蛋直接放入孵化器内,以免蛋面凝结水气(俗称"出汗"),影响孵化效果。

③种蛋的码盘:鹅蛋较大,在码盘时适宜于平放,以利于胚胎发育。如果采用分批孵化时,各批次的蛋盘应交错放置,在孵化盘上标明种蛋的批次、入孵时间,以防混淆。每次入孵时间以下午4时为好,这样大批出雏的时间在白天,工作比较方便。

④填写记录卡:种蛋装盘后将种蛋的品种、入孵时间、批次等项目填入记录卡内,以便于查找。

(2)入孵:把蛋架摇平,将蛋盘放入蛋架,蛋架的上下、前后要平衡,将蛋架车推入孵化器,关闭机门开始升温。

(3)观察温度、湿度:在孵化过程中,每隔2小时记录一次门表上的温度、湿度和机器显示的温度、湿度。观察温度计时,注意眼睛视线要与水银柱的最高点处于同一水平线上,以减少误差。每两小时进行一次翻蛋,实际操作中自动、手动均可。

(4)翻蛋:一般每2小时进行一次翻蛋,实际操作中自动、手动均可。自动翻蛋时,要定时检查翻蛋情况是否正常。手工翻蛋时,动作要轻、稳、慢,以防蛋盘滑脱。

(5)照蛋:在整个孵化过程中,要经过3次照蛋(灯光透视检查),以了解胚胎的发育情况。第一次照蛋在入孵后第6~7天进行,目的是观察和检验早期胚胎的发育情况,及时查出无精蛋、死精蛋。第二次照蛋在入孵后第15~16天时进行,目的是了解胚胎的发育,调节孵化条件,采用摊床孵化时第二次照蛋可结合上摊床进行。第三次照蛋在孵化第27~28天,结合移盘进行。第二次照蛋通常只作抽样检查,大致了解胚胎发育情况。

(6)移盘:胚盘由孵蛋盘移至出雏盘叫"移盘"或"落盘"。在第三次照蛋后(孵化第27天),剔除死胚蛋,把发育正常的胚蛋移至出雏盘内,然后放入出雏机内。注意出雏盘不要直接放在地面上,下面要垫一层空盘,以免胚蛋受凉。此时停止翻蛋,适当增大相对湿度,以利于出雏的顺利进行。移盘时,如果发现胚胎发育普遍延缓,应推迟移盘时间。移盘后应提高出雏机内的湿度和增大通风量。

(7)出雏:在孵化条件掌握适度的情况下,孵化第30天开始大量出壳,第31~32天,雏鹅基本出壳完毕。出雏期间不要随时打开机门,以免降低机内温度、湿度,影响出雏整齐度。当已出壳的雏鹅绒毛绝大多数已干时,应分批集中从出雏机中取出,同时把空蛋壳拣出,以利于继续出雏。出雏开始后,关闭机内照明灯,以免引起雏鹅骚动。一般已出壳的雏鹅不应在出雏机内停留太久,否则将引起过分干燥而造成脱水,降低其生活力。通常开始出雏后每4小时拣雏一次。孵化末期,对出壳困难的、尚未破壳或破壳未出的胚蛋采用人工助产的方法,帮助其出壳。出雏完毕后应将出雏盘抽出,用消毒液清洗、浸泡,同时消毒出雏器内部、水盘等,以备下次出雏时使用。

(8)孵化机的日常管理

①停电时应采取的措施:根据停电时间的长短及胚龄大小采取相应的措施。如果在冬季、早春室温较低,可生火来提高室温,打开孵化机通风孔放温,每半小时人工摇动风扇一次,使机内温度均匀,否则热空气聚集在孵化机内的上部,出现上部过热、下部过凉等现象。若胚龄较大,自温较高时,应立即打开机门散热,每半小时手动翻蛋一次,以免胚蛋温度过高。停电时间较长时,特别是胚龄较小的蛋,必须设法加温;胚龄较大时,可转入摊床利用胚蛋的自温进行孵化。

②非自动调湿的孵化器,每天应定时向水盘内加温水。湿度计的纱布在水中易因钙盐作用变硬或沾染灰尘和绒毛,影响水分蒸发,需经常清洗更换。

③做好孵化记录:孵化成绩以孵化率和健雏率为指标来表示。孵化率的计算有两种,一种是以出雏数占入孵蛋数的百分比来表示;另一种是以出雏数占受精蛋的百分比来表示。其计算公式如下:

$$入孵蛋孵化率(\%)=\frac{出雏数}{入孵蛋数}\times100\%$$

健雏指的是适时出壳、绒毛正常、脐部愈合良好、精神活泼无畸形的雏禽。健雏率的计算公式为:

$$健雏率(\%)=\frac{健雏数}{出雏数}\times100\%$$

孵化记录的表格有三种,即孵化进程表、孵化条件记录表、孵化成绩统计表。每批种蛋入孵后,将该批种蛋的入孵日期、各次照蛋、移盘、出雏日期等填入孵化进程表(表2-2),以便于了解各台孵化器入孵各批种蛋的情况,并按进程表来安排工作。在孵化过

表 2-2 孵化记录

批次	上蛋日期	种蛋来源	上蛋数量	出雏日期	头照			二照			三照			出雏			毛蛋数	受精蛋数	受精率(%)	孵化率(%)		备注
					合计	无精	死胚	破损	合计	死胚	破损	合计	死胚	落盘数	健雏	弱雏	死亡	出雏总数				入孵蛋	受精蛋

程中应认真做好孵化条件,尤其是温度、湿度变化情况的记录,根据各项记录计算出孵化率、健雏率等,检查孵化效果。做好各项记录,可以及时发现孵化过程中孵化条件控制及操作中存在的问题,然后逐步解决,提高孵化率和健雏率。

2. 人工孵化方法

(1)火炕孵化法:火炕孵化是我国北方民间传统的孵化方法,其设备简单,投资少,适用于农村缺电的地方。

①建炕:宜选择背风朝阳、保温良好的房屋作孵化室,将炕建在室内中央。火炕以土坯搭成,大小视屋子大小、孵化量大小而定。一般要求炕面高 65 厘米、长 300 厘米、宽 200 厘米。炕面抹泥厚度:炕头 15 厘米、炕梢 6 厘米。炕箱内填充细沙,细沙要使炕头低、炕梢高,保持沙面距炕底面 25 厘米并与炕底面平行,目的是使炕各部温度一致并好烧。烟囱则要高于屋檐,顶部要有防雨设备。最后将炕面用牛皮纸糊严,防止冒烟和尘土飞扬。炕上再放麦秆,上面铺席。

②搭设摊床:摊床为孵化中后期放置种蛋继续孵化和出雏的地方,一般设在炕的上方,即在离炕面 1 米左右用木柱(或木棒)搭成棚架。摊床可搭 1~3 层,若搭 2 层或 3 层,两层间的距离以作业不碰头为宜。摊床上用秫秸(高粱秸)铺开,再铺稻草或麦秸,上面铺苇席或棉被。摊床的四周用木板做成围子,以防止胚蛋滚落。摊床架要牢固,防止摇晃(图 2-7)。

另外,还要准备棉被、毯子、被单、火炉、温度计、手电、照蛋器等孵化用具。

③孵化操作:孵化前先把炕烧热到 40~41℃,炕面温度要均匀,室温达到 25~27℃。种蛋经过选择、消毒后,用 40℃温水浸泡 5 分钟,即可上炕入孵。摆蛋的方法:钝端朝上或平放均可,可摆 2 层,应摆放整齐、靠紧,盖上棉被即可入孵。一般头两天炕温保持在 39℃,以后保持在 38~39℃,直到上摊。蛋间插一支温度计,以

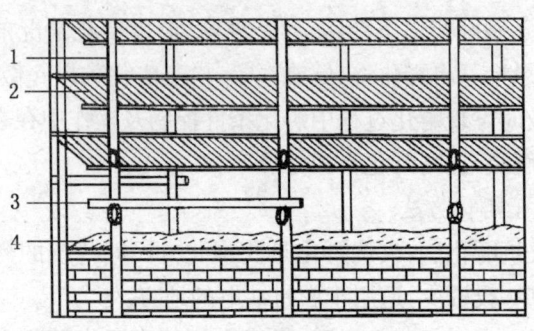

图 2-7 火炕孵化示意图
1. 支架 2. 摊 3. 脚木 4. 火炕

备经常检查温度。如果蛋温偏高或偏低,可用增减棉被或开闭门窗来调节。入孵第1、第2天应特别注意观察温度变化,及时翻蛋,一般每2～3小时翻蛋一次,使蛋面受热均匀,胚胎发育一致;第2天后,炕温稳定,可每4～6小时翻蛋一次。翻蛋方法:即上层蛋翻至下层,下层蛋翻至上层,中央蛋翻至边缘,边缘蛋翻至中央。

湿度调节:可在墙角放一盆水,保持室内湿度在65%左右即可。

孵化6～7天,进行头照;孵化17～18天照二照,然后把胚蛋移至摊床上继续孵化。这以后主要靠胚胎自身产生的热量和室温来维持孵化温度。上摊前,蛋温应提高到39℃,以免上摊后温度下降幅度太大,影响孵化效果。摊床上与火炕上孵化同样管理,蛋温靠增减棉被(毯子、被单)、翻蛋、凉蛋来调节。

在正常情况下,孵化至第28天,停止翻蛋,提高室温至27～30℃,湿度增大到70%～75%。第30天开始出雏,在大批啄壳时除去覆盖物,以利于胚蛋获得新鲜空气。每隔4～5小时将绒毛已干的雏鸡与蛋壳一起拣出,并将剩余的活胚蛋集拢在一起,以利于保温,促进出雏。

(2)平箱孵化法

①准备工作:平箱由两部分组成,一是孵化部分;二是热源部分。箱底可用厚纸板、纤维板或木料制成,也可用砖砌成。一般箱高187厘米,宽和深各96厘米。箱的四周填充棉絮或玻璃纤维,有条件可装石棉或其他性能好的隔热材料。箱内设置可转动的蛋架,便于翻蛋。蛋架分7层,最下一层放置隔热材料而不放蛋,以便箱内温度均匀。上面6层放蛋盘,可用竹子或木料制成长、宽各76厘米,高8厘米的蛋盘。热源部分和孵化部分之间,放一厚1.5毫米的铁板,上面抹一薄层花秸泥。如果最下层蛋盘和最上层蛋盘温差大,可在花秸泥上再铺草灰。热源可用炭火盆、电热丝或其他设备。也可用电热丝和炭火盆一块装,停电时再用火盆,电热丝用控温继电器控制温度。炉腔正面留一椭圆形火门,高25~30厘米,宽35厘米,并装门。热源部背面可装一烟囱,以便使用炭火时向外排烟,避免污染孵化室的空气(图2-8)。

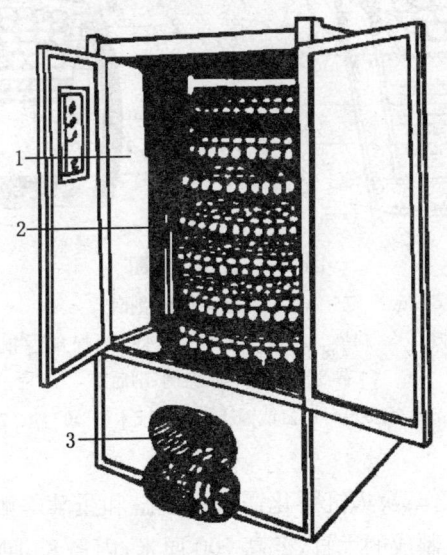

图2-8 平箱孵化示意图
1.平箱外壁 2.蛋架 3.炉腔(热源)

②操作技术:试温完成后,开始入孵,依次装入蛋盘,在上、中、下层的蛋盘上各放一支孵化温度计。温度计的刻度朝上,液体玻璃球向内测量蛋温,并在平箱门的玻璃窗里挂一支温度计测量箱内温度,刻度向外,以便随时查看箱温。然后闭门开始升温。升温后每隔2小时在箱外部通过手柄翻蛋一次,每次90°。把顶层蛋盘种蛋贴于眼皮感到温热时,进行第二次倒盘。第三次倒盘后,箱内温度基本达到均匀。用眼皮测温时,要注意既测蛋盘中心蛋,又要测边蛋,如发现边蛋和中心蛋温度不一致时,要把边蛋与中心蛋调位。

(3)缸孵法:这是江浙一带常用的孵化方法。有温水缸孵化法和炭火缸孵化法两种(图2-9)。

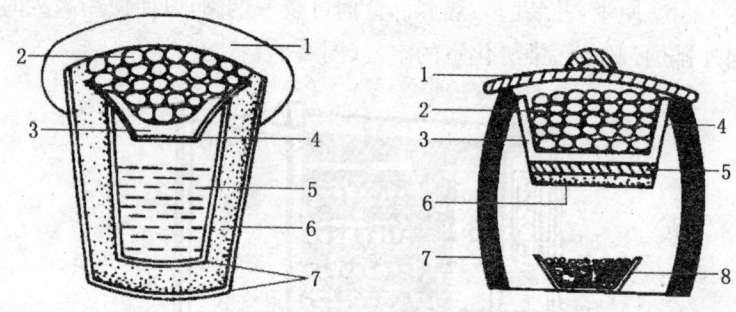

图2-9 缸孵示意图

左:温水缸孵化示意图(剖面)

1. 棉被 2. 种蛋 3. 棉垫 4. 盛水盆 5. 温水 6. 保温层(锯末) 7. 孵缸

右:炭火缸孵化示意图(剖面)

1. 棉被 2. 种蛋 3. 盛蛋篓 4. 缸或锅 5. 土坯或木垫 6. 沙 7. 孵缸 8. 炭盆

①准备工作:炭火缸孵化需备有土缸和蛋篓等孵具。土缸是用稻草和泥土制成的大缸,壁高100厘米,内径85厘米,中间放铁锅或黄沙缸,用泥抹牢。囤内的铁锅(缸)离地面30～40厘米,囤壁一侧开25～30厘米的灶口,以便生火加温,用木炭作为燃料,炭

上盖灰使其缓慢燃烧。锅上先放几块土坯,然后将蛋箩放在上面,蛋箩可容纳种蛋500个左右。种蛋入孵之前先用炭火将孵缸烘热至39℃左右,称为暖缸,然后将盛蛋箩放大缸中。缸上盖上由稻草编成的盖。

②操作技术:种蛋在缸内的孵化时间为16天,分新缸期(第1~8天)和陈缸期(第9~16天)。入孵3小时后开始翻蛋。根据胚胎发育的不同时期,缸孵可采用3种翻蛋方法。

一为"抢心",将箩内的蛋逐一翻入另一缸箩中,翻蛋时应上与下,边缘与中间的蛋互换位置,翻至中心处时,取出120~150个蛋暂置一旁待翻完后放在箩的最上层。

二为"抢心取面",先取出100枚面蛋暂置一处,待翻至中心处时取出心蛋100枚放置另一处,将先取出的100枚面蛋放在中心处继续翻蛋,翻完后将取出的心蛋放在最上面。

三为"平缸"或"匀缸",即上与下、边缘与中间的蛋互换位置。

新缸期第1天翻蛋5次,第一次"抢心",其他4次是"抢心取面"。其余4天每天翻蛋4次,早晨第一次"抢心取面",其余3次作"平缸"。

陈缸期每天翻蛋4次,每次间隔6小时,头两天(即孵化第9~10天)第一次翻蛋是"抢心取面",其余各次为"平缸",以后6天(即孵化第11~16天)均作"平缸"处理。缸孵期蛋温的掌握,要求头两天保持39~38.5℃,第3~16天保持在38℃。第17天上摊床,上摊床后的温度与炕孵相同。每次翻蛋时均要把握好所需温度,一般翻蛋前温度要高些,翻蛋后要平稳。每次翻蛋后应加温至所需温度。通过控制炭火大小、开合缸盖、加减覆盖在缸上的棉被来调节温度。温度低时炭火稍大、盖严缸盖或添加棉被;温度高时炭火略小、撑起缸盖或揭去棉被。

(4)塑料膜热水袋孵化法:用塑料膜热水袋孵化,热源方便,温度均匀,孵化效果好,且成本低,适于农户小批量生产,便于掌握应用。

①准备工作:首先准备好水袋和套框。水袋用市售筒式塑料膜即可,其规格为80厘米×240厘米,两端不必封口;用木板做一个长方形木框套在水袋的外面,起保温和保护水袋的作用,水袋开口搭在高出水面的框沿外,以防漏水和便于换水。

其次是烧好火炕,做好孵化室保温工作,再准备几支温度计和湿度计及棉被2~3条。

②操作技术:入孵前先把炕烧热,然后把木框平放在火炕上,框底铺一层麻袋片或牛皮纸,塑料膜水袋平放在木框内。然后往袋里加40℃温水,水量以水袋鼓起12厘米左右即可。框内四周与水袋之间用棉花或软布塞上,以利于保温和防止水袋磨破。

把种蛋放入蛋盘或直接平摆于水袋上面,在蛋的中间平放一支温度计,盖上棉被即可开始孵化。塑料膜热水袋孵化模拟图参见图2-10。

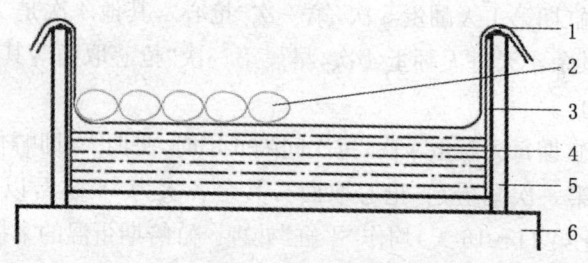

图2-10 塑料热水袋孵化模拟图
1. 塑料袋 2. 种蛋 3. 棉被 4. 水 5. 木框 6. 火坑

蛋面温度:第1~7天为39~38.5℃,第8~29天为38.5~38℃,第30~31天为37~37.5℃。室温保持在27℃。

孵化温度的掌握,主要靠往水袋里加冷、热水来适度调节。为了便于工作,从入孵当天开始,要使炕面温度保持相对稳定,这样可以延长水袋里水温的保持时间,减少加温水次数。每次换水时,先从水袋里放出一定量的水,然后加入等量的温水,使水袋里的水量保持不变。

翻蛋:每昼夜翻蛋4～6次,孵化到第30天,停止翻蛋,注意检查温度,准备出雏。

3. **自然孵化** 自然孵化是利用鹅天然的就巢性孵化繁殖后代的一种方法,仅是一种适合自给自足的小生产的孵化方法,具有设备简单、费用低廉、管理方便、效果较好的特点,在一些交通不便、能源缺乏而不具备人工孵化条件的地方仍不失为一种有效的方法。目前水禽生产中自然孵化仅用于鹅的孵化。

(1)孵蛋母鹅的选择:应选择就巢性强、产蛋1年以上,已有孵化习惯的母鹅。若没有就巢母鹅,可用抱窝母鸡代替,但要减少孵蛋量。

(2)孵化前的准备

①孵化巢:孵蛋的巢可以用竹片或稻草编成,直径约45厘米,也可以用柳条筐或篮子代替,但高度要适宜,便于孵化与操作。巢内的垫草要干净柔软,底部呈锅形,每巢可孵蛋10～12枚。通常应在晚上将孵蛋母鹅放入孵化巢内,这样有利于母鹅安静孵化。

②种蛋:按种蛋选择要求,剔除不合格蛋。

(3)母鹅在孵化期间的管理

①观察、确定就巢母鹅:入孵后前2～3天,要注意观察母鹅孵蛋的表现。凡站立不安、经常进出或啄打其他就巢母鹅的,必须及时剔除,换进那些抱性强的母鹅。

②人工辅助翻蛋:为了提高孵化率或出雏整齐率,必须人工辅助翻蛋。通常每天定时翻蛋2～3次。翻蛋时,将巢中心蛋放到巢的四周,把四周的蛋转移到中心。

③保持孵巢清洁:在翻蛋的同时,整理巢内的垫草,凡是被粪便污染的必须及时更换。如发现蛋壳破裂,但蛋内膜未破,可用薄纸粘贴后继续孵化;如蛋壳膜已破,应剔除。

④定期进行照蛋:按照看胚施温技术要求的时间和方法进行定期照蛋,一般照蛋2~3次。通过照蛋,及时剔除无精蛋、死胚蛋等。照蛋后要及时并巢,多余的母鹅可以入孵新蛋,或催醒让其产蛋。

⑤出雏管理:孵化到第28天的时候,要注意雏鹅的啄壳和出雏,及时将已出壳的雏鹅捡出,以免被母鹅踩死。如果雏鹅啄壳较久而未能出壳,可进行人工助产,即将鹅蛋大头的蛋壳撬开,把雏鹅头轻轻拉至壳外,让其在空气中直接呼吸,鹅体仍留在壳内。助产时如有出血现象,应立即停止,等待一段时间再处理。出雏完毕后,应及时打扫、清除和消毒孵巢。

⑥孵鹅的饲养管理:孵化室应保持安静,避免任何骚扰,防止鼠、兽危害;定时让母鹅采食、饮水和运动,一般措施是:隔日在上午定时离巢1次,让其在运动场上采食精料,然后赶下水吃青饲料、嬉水、洗浴,再赶回运动场休息、理毛,待体羽基本干爽时赶入舍内,到母鹅羽毛干透后,放回巢内。也可在舍内喂料、给水、休息、活动,免得鹅体沾水带泥。母鹅由离巢到回巢的时间根据气温和胚龄进行适当调节,气温高、胚龄大可长些;反之,则要短些,一般在1小时左右。为避免母鹅营养消耗过多,影响体质和产蛋,大批孵化时可以采用母鹅轮流孵化的方法,孵化到第15~20天,换母鹅继续孵化,原来孵化的母鹅可催醒产蛋。也可以利用孵化后期的自温作用,把鹅蛋集中移到摊床或出雏筐内,进行自温孵化出雏,让母鹅提早复产。

(五)孵化效果的检查和分析

种蛋在孵化过程中,通过照蛋、解剖及啄壳出雏时的观察等一系列检查,及时发现胚胎发育是否正常,了解胚胎死亡情况,并分析其原因,以提高孵化效果和经济效益。

1. 照蛋

(1) 照蛋的目的：通过照蛋可以了解胚胎发育情况，了解所采取的孵化条件是否合适，如不合适即行调整，使胚胎发育正常，以利提高孵化效果。

照蛋时要捡出无精蛋和死胚蛋，了解入孵蛋的受精率和胚胎死亡情况，并增加孵化机的容蛋量。无精蛋可供作食用，死胚蛋和破壳蛋要剔出，以免变质腐败而污染活胚蛋和孵化机，保持机内清洁卫生。

(2) 照蛋的方法：照蛋的用具设备，可因地制宜，就地取材，视具体情况而定（图2-11）。目前，通常多采用手持照蛋器。照蛋时将器孔按在蛋的大头下逐个点照，顺次将蛋盘的种蛋照完为止。

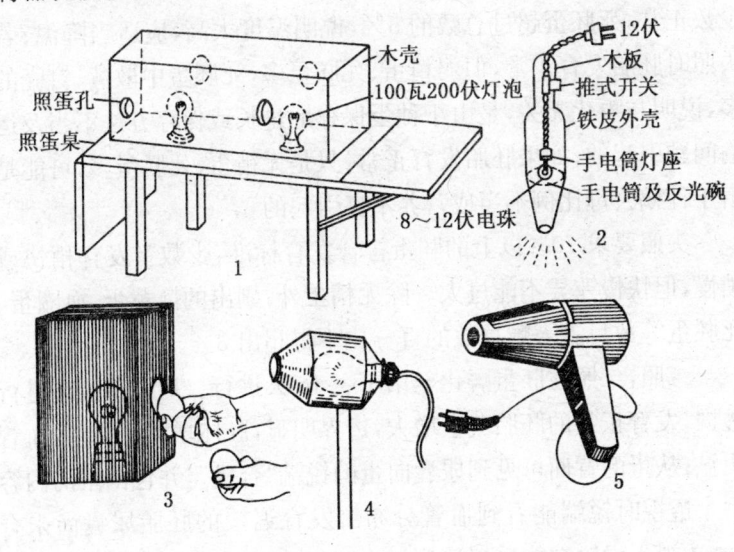

图2-11 各种照蛋器

1. 照蛋桌 2. 手电筒照蛋器 3. 坐灯照蛋器 4、5. 手提式照蛋器

为了增加照蛋的清晰度，照蛋室需保持黑暗，照蛋最好在晚上进行。照蛋之前，如遇严寒应加热提高室温至28～30℃。照蛋时

逐盘从孵化器取出。照蛋操作力求敏捷准确,如时间过久会使蛋温下降,影响胚胎发育而延迟出雏。

(3)利用照检进行看胎施温

第一次照蛋:又叫头照,在孵化第7天进行。发育正常的胚胎血管网鲜红,扩散面较宽,胚胎上浮而隐约可见,而且极易弯曲,能明显看到黑色的眼点,即"起珠";而发育不良的胚胎则血管淡而纤细,扩散面小;无精蛋则蛋内透明,隐约呈现蛋黄浮动暗环,气室边缘界线不明显;死胚蛋的蛋黄内出现黑色的血圈或半环,有时是血线,气室边缘界线模糊,有时可见死亡胚胎的浮动。头照时,70%以上的蛋发育不到"起珠"标准,只有少数蛋符合标准,但死胚蛋很少,说明温度偏低,应进行调整;如果70%以上的胚蛋发育过快,少数正常,死胚蛋超过总数的5%,说明温度太高,应适当降温;若头照时胚胎发育正常,但弱精蛋、死胚蛋多,死胚蛋中散黄、钉壳的多,说明与孵化无关,是由于种蛋保存期过长或保存方法不当及运输问题引起的;如果胚胎发育正常,只是无精蛋、死胚蛋多,可能是由于种鹅公母比例不当或营养不良引起的。

头照要求70%以上的胚蛋符合发育标准,少数蛋发育稍快或稍慢,但快慢差异不能过大。除无精蛋外,剔出的散黄蛋、血圈蛋、死胚蛋等数目占入孵总数的百分比不得超出3%。

二照:二照在胚蛋孵化至第15~16天进行。对胚蛋锐端进行透视,发育正常的胚胎气室增大,边界明显,胚体增大,尿囊的血管明显;从蛋的背面可见到尿囊向蛋的锐端"合拢",并包围蛋的内容物。透视时锐端能看到血管分布。发育迟缓的胚胎尿囊尚未合拢,透视蛋的锐端能看到透明泛白;死胚蛋的气室显著增大,边界相当模糊,蛋内半透明,无血管分布,中央有死胚团块,颜色较亮,呈黑团块状,随转蛋而浮动,无蛋温感觉。如果70%以上的胚蛋尿囊血管没有合拢,但死胎比正常低,说明孵化温度低或偏低;如果绝大多数蛋的尿囊血管早已合拢,大头又出现黑影,少数蛋符合标准,但死胚蛋增加 2%～3%,而这些未合拢的尿囊末端有不同程度的充血,说明孵化温度偏高;如果 20%～30%胚蛋的尿囊血管不合拢,死胚蛋超过 6%,则是因为温度太高或局部温度太高造成的,应给予调整。

二照要求 70%以上尿囊血管合拢,快慢程度差异不大,死胚蛋的比例不超过 1%～3%。

三照:三照在鹅蛋孵化至第 27～28 天进行。发育良好的胚胎气室显著增大,边缘界线更明显,除气室外,胚胎已占满蛋的全部空间,蛋内漆黑一团;胚胎颈部紧贴气室,气室边缘弯曲,可见粗大血管,有时可见胚胎在蛋内闪动(即"闪毛");弱胚胎气室边缘齐平,血管明显可见;后期死亡的胚胎(死胚蛋)气室更加增大,周围无血管分布,边界不明显,蛋内发暗,混浊不清,小头色浅,蛋无温暖感。若 70%以上的胚蛋没有封门,只有少数符合标准,死胚蛋较少,气室较小,四周血管粗大,说明孵化温度偏低;若 70%以上的蛋已出现"斜口",甚至于"闪毛",死胚蛋增多,则说明孵化温度偏高,需适当下调温度。

三照要求 70%以上的蛋符合上述标准。照蛋时以锐端对准光源,看不到发亮的部分为正常。死胚蛋不超过胚蛋总数的 2%。

2. 啄壳、出雏及雏鹅的观察 胚蛋转移出雏机后直至出雏时,要观察胚胎啄壳和出雏的时间、啄壳状态、大批出雏及最后出雏时间是否正常。壳被啄破,但幼雏无力将壳孔扩大,这是因为温度太低、通风不良或缺乏 B 族维生素所致。啄壳中途停止,部分幼雏死亡,部分存活,这可能是孵化过程中,种蛋大头向下、转蛋不当、湿度偏低、通风不良、短时间超温、温度太低等原因造成的。正常的出雏时间从开始出雏至全部出雏约持续 35 小时。如果出雏时间正常,啄壳整齐,出壳雏鹅大小强弱比较一致,死胎蛋约占 6%～10%,那么说明种蛋的品质优良,孵化的温度、湿度、通风、转蛋和凉蛋等孵化条件掌握正确。如果出雏时间提早,幼雏脐部带血,弱雏中有明显"胶毛"现象,死胎蛋超过10%,但二照时胚胎发育正常,则可能是二照之后温度过高或湿度太低所致;相反,出雏时间推迟,体质差、腹大、脐环凸起的弱雏较多,死胎明显增加,但二照时胚胎发育正常,这可能是二照之后温度偏低、湿度偏高所致。出壳时间拖延很长,与种蛋贮存太久,贮存不当,大小蛋、新旧蛋混在一起入孵;孵化过程中温度维持在最高界限或最低界限的时间过长;通风不良有一定关系。

雏鹅出壳后,应注意观察初生雏鹅的活力、结实程度、体重、蛋黄吸收情况,以及绒毛色泽、整洁和长短程度等。若是种蛋品质优良、孵化条件良好、胚胎发育正常,则雏鹅体质健壮,精神活泼,体重合适,绒毛整洁、色泽鲜艳、长短合适,脐环闭合平整,腹部收缩良好。此外,还要注意雏鹅有无躯肢畸形、瞎眼、弯喙、卷趾、脐环闭合不全,蛋黄是否全被包入腹腔内,骨骼有否异常弯曲,以及有没有出现腿脚麻痹、站立不稳等情况。幼雏沾黏蛋白,是由于温度偏低、湿度太高、通风不良造成。幼雏与壳膜粘连,是因为温度高,种蛋水分蒸发过多,或湿度太低,转蛋不正常所致。脐部收缩不良、充血,是由于温度过高或温度变化过剧、湿度太高、胚胎受感染所致。幼雏腹大而柔软,脐部收缩不良,是因为温度偏低、通风不良、湿度太高所致。胎位不正、畸形雏多,原因是种蛋贮存过久或贮存条件不良、转蛋不当、通风不良、温度过高或过低、湿度不正常、种蛋大头向下、用畸形蛋孵化、种蛋运输受损等。

3. 死胚、死胚蛋和出雏后蛋壳内容物检查

(1)死胚的剖检:剖检死胚可以查明胚胎死亡的原因。种蛋品质不良和孵化条件不适当时,死胚往往出现许多病理变化,因此每次照蛋后,特别是最后一次照蛋和出雏结束时,如胚胎死亡数超出正常死亡数,应将死胚进行解剖。检查死胚外部形态特征,判别死亡日龄,然后剖检皮肤、肝、胃、心脏、肾、胸腔、腹腔以及气管等组织器官,注意其病理变化,如贫血、充血、出血、水肿、肥大、萎缩、变

性以及畸形等,从而分析其致死原因。

(2)死胚蛋的剖检:在孵化过程中,如没有观察胚胎发育情况,当出雏时发现孵化成绩下降,可通过死胚蛋的解剖进行诊断,查明原因。方法如下:随意取 50 个死胚蛋煮熟后剥壳观察,如部分蛋壳被蛋白粘住,表明尿囊没有合拢(凡是不合拢的部位其蛋壳必然被蛋白粘住),说明胚胎发育不正常引起后期吸收不良,这是孵化前期即在孵化机里胚龄 18 天前出的毛病;如果蛋壳整个都能剥落,表明尿囊合拢良好,是后期的毛病;如果死胚浑身裹蛋白,是在 18~22 天时出的毛病,因为 25 天左右胚龄时,其蛋白应全部吞完;如死胚身上已无蛋白,那是 25 天到出壳期间温度掌握不当,特别是偏高产生的毛病;如出雏时温度较高,常出现"血嘌"(啄壳部位淤血,是由于鹅胚受热而啄破尚未完全枯萎的尿囊血管出血所致)、"钉脐"(肚脐有黑血块,因鹅胚受热而提前出壳,尚未枯萎的尿囊血管的血淤在肚脐处)、"穿嘌"(挣扎呼吸,喙部突出)、"拖黄"(肚脐处拖有尚未完全进入腹中的卵黄)、"吐黄"(啄壳部位破裂的卵黄囊中的卵黄往外淌,雏鹅挣扎而弄破卵黄囊所致)。凡是蛋白吸收不良的死胚蛋,都有"裹白"、"吐清"(啄壳部位没吸收完的蛋白往外淌)、"胶毛"(出壳雏鹅的绒毛被蛋白粘连)等现象。

(3)出雏后蛋内残留物检查:检查出雏后蛋内残留的尿囊、胎粪和蛋壳内壳膜,如发现有红色血样物,则表明湿度不够。适当地喷些水将有利于出壳,因为正常温、湿度条件下,出壳后蛋壳内壁是很干净的。

4. 死亡曲线的分析　一般孵化正常时,鹅胚胎在发育过程中有两个死亡高峰时期。第一个高峰是在孵化的第 6~7 天,第二个高峰是在孵化的后期,在 25~28 胚龄。按入孵蛋计算,鹅蛋孵化率通常在 85% 左右。其中,无精蛋数量不超过 4%~5%,头照的死胚蛋占 2%,8~17 胚龄的死胚蛋占 2%~3%,18 日龄以后的死胚蛋占 6%~7%,后期死胚率约为前、中期的总和。这是正常死胚的分布情况。为便于检查对照,可将孵化过程中的死胚率绘成死亡曲线图。当胚胎的死亡曲线异常,如孵化前期死胚绝对数量增加,多属遗传因素、种鹅群结构不合理、种蛋贮藏或凉蛋不当、种蛋消毒不当、孵化温度太高或太低、翻蛋不足等原因所致。孵化中期死胚率高,多属种蛋中维生素和微量元素缺乏、温度不当或种蛋带有病原体所致。后期死胚绝对数量增加,多属孵化条件不正常、遗传因素影响、胚胎有病、气室异位等所造成。如果在孵化过程中某一日死胚数量增多,很可能是突然超温或低温所造成。

为了便于检查胚胎死亡原因,每次照蛋时都要剖检死胎蛋,判别其死亡日龄,并登记数量,这样即可绘制出胚胎死亡曲线。然后用该曲线与正常死亡曲线进行比较,来分析胚胎的死亡原因。但是为了简便起见,不需剖检死胚,而按每次照蛋和最后的死胚数量,也可大致确定孵化期胚胎的死亡曲线。

(六)初生雏的雌雄鉴别

雏鹅出壳后,进行性别鉴定,可使公母鹅分群饲养,分群管理,使生长发育整齐。因此,对初生雏鹅进行性别鉴定可明显提高经济效益。在生产中,多采用以下方法。

1. 外形鉴别法　一般来讲,初生雄雏鹅体格较大,身躯较长,头较大,颈较长,喙角较长而阔,眼较圆,翼角无绒毛,腹部稍平贴,站立的姿势比较直;雌雏鹅体格较小,身躯较短圆,头较小,颈较短,喙角短而窄,眼较长圆,翼角有绒毛,腹部稍下垂,站立的姿势有点倾斜。

2. 羽毛鉴别法　有色泽羽毛的鹅,如灰羽鹅,雄的羽毛总是比雌的羽毛色淡一些。有的鹅种,如英国的西英格兰鹅、美洲的移民鹅,具有自别雌雄的特征。西英格兰鹅雌雏带有明显的灰色标志,雄雏则为全白色。移民鹅的初生公鹅,羽毛是奶油色(乳黄色),喙的颜色较浅;母鹅的羽毛为浅黄色,喙的颜色较深。

3. 翻肛法 在胚胎发育初期,公母雏鹅都有生殖突起,但母雏的生殖突起在胚胎发育后期开始退化,出壳后已完全消失。少数母雏退化的生殖突起仍有残留,但在组织形态上与公雏的生殖突起仍有较大差异。因此根据生殖突起的有无或突起和组织形态的差异,可进行雌雄鉴别。一般雄雏生殖器官发达,阴茎状如芝麻,呈螺旋形,只要压翻泄殖腔便可挤出阴茎,比较易鉴别。具体方法是:将雏鹅握于左手掌中,用左手的中指和无名指夹住颈部,使其腹部向上,然后用右手的拇指和食指放在泄殖腔两侧,用力轻轻翻开泄殖腔。如果在泄殖腔口见有螺旋形的突起(阴茎的雏形)即为公鹅;如果看不到螺旋形的突起,只有三角瓣形皱褶,即为母鹅。

4. 捏肛法 捏肛法是鉴别水禽雌雄的传统方法。这种方法操作速度快,准确率很高,但要有丰富的经验。因水禽公雏具有伸出的外部生殖器官,公雏鹅的阴茎大小 0.3~0.5 厘米,呈螺旋状,在泄殖腔肛门口的下方,而母鹅雏没有,容易准确判别。具体做法是:左手捉住雏鹅,使其背朝天,用拇指和食指捏住鹅颈固定,然后用右手拇指和食指轻轻将肛门两侧捏住,先向前按,随即后缩,将肛门从两侧轻轻捏住,上下或左右稍一揉一搓,感觉肛门中下方有芝麻粒大小的突起,尖端可以滑动,根端相对固定,即为公鹅阴茎;而母鹅则只有肛门和泄殖腔的三角瓣形肌肉皱褶,随着右手拇指、食指的揉搓,平滑的摩擦,没有突起感。此方法操作简单,判定准确、速度快,而且对雏鹅的健康无影响,所以在水禽生产中被广为采用。

第三章 鹅的饲料与饲粮配合

饲料是发展养鹅生产的物质基础,将饲料高效率转化为鹅产品的过程是养鹅生产的主要目的。要发挥鹅的最大生长潜力,就必须了解各种饲料的特点,然后根据现代技术科学配合鹅的饲粮。

一、鹅的常用饲料

(一)能量饲料

饲料中的有机物都含有能量,而这里所谓能量饲料是指那些富含碳水化合物和脂肪的饲料,在干物质中粗纤维含量在18%以下,粗蛋白质含量在20%以下。这类饲料的消化率高,含能量较高;粗蛋白质含量少,特别是缺乏赖氨酸和蛋氨酸;含钙少、磷多,因此,这类饲料必须和蛋白质饲料等其他饲料配合使用。

1. 谷实类饲料 主要包括玉米、大麦、小麦、高粱、稻谷等粮食作物的籽实,其营养特点是淀粉含量高,有效能值高,粗纤维含量低,适口性好,易消化,但粗蛋白含量低,氨基酸组成不平衡,色氨酸、赖氨酸、蛋氨酸含量低;矿物质元素中钙少磷多,植酸磷含量高,鹅不易消化吸收,且还缺少维生素D。这类饲料含碳水化合物70%以上,粗蛋白7%～11%,粗脂肪2%～6%,也被称为碳水化合物饲料,日粮配合中可占50%～60%。在生产上应与蛋白质饲料、矿物质饲料和维生素饲料配合使用。使用时应注意防止真菌毒素的污染，特别是黄曲霉素。

(1)玉米：玉米为公认的饲料之王，是主要的能量饲料。玉米含能量较高(代谢能为 13.50~14.07 兆焦/千克)，含纤维素少，消化率高，适口性好。玉米的蛋白质含量差异较大，为 8%~11%，其必需氨基酸组成不平衡，缺乏赖氨酸、蛋氨酸和色氨酸。含脂肪量约 4%。黄玉米中含有胡萝卜素和叶黄素，对保持蛋黄、皮肤和脚部的黄色具有重要作用。玉米粉容易滋生黄曲霉而质变，如需保存应以不粉碎为好。

(2)稻谷：为鹅常用饲料。每千克含代谢能 10.7 兆焦，含粗脂肪 1.5%，含粗蛋白质 8.3%，粗纤维含量较高(约 8.5%)。

(3)糙米：含水分 11.4%，含粗蛋白质 6.8%，含粗脂肪 1.6%，含粗纤维 0.7%，其代谢能为 14.0 兆焦/千克。取材容易，适口性好，易消化吸收。常用作开食料。

(4)碎米：为碾米厂筛出来的细碎米粒，淀粉含量高，纤维素含量低，含粗蛋白质约 8.8%。价格低廉，容易消化吸收，但缺乏维生素 A、维生素 B、钙和黄色素，亮氨酸含量较低，为常用的开食料。

(5)小麦：含能量较高，代谢能约为 12.5 兆焦/千克，粗纤维少，含粗蛋白质在 10%~13%，但苏氨酸、赖氨酸缺乏。

(6)大麦：有皮大麦和裸大麦之分。含代谢能 11.34 兆焦/千克左右，比玉米低，而粗纤维含量高于玉米，粗蛋白质高于玉米，为 11%~12%，且品质优于其他谷物。在鹅日粮中的用量一般为 15%~30%。

(7)高粱：含代谢能 12.0~13.7 兆焦/千克，蛋白质含量与玉米相当，但品质较差；其他成分与玉米相近，但高粱含单宁较多，其适口性差，而且还能降低蛋白质及氨基酸的利用率。在鹅日粮中应限量使用，一般不宜超过 15%。但低单宁高粱饲喂量可适当增加。

2. 糠麸类饲料 为谷实类的副产品。

(1)米糠：是碾米厂加工白米时产生的一种副产品，主要由胚芽、种皮、糊粉等组成。含蛋白质12%左右，稍低于小麦麸，所含代谢能约为玉米的一半。但其含脂肪量很高(13%～15%)，故容易酸败变质，高温时不宜久贮。含磷多而钙少，维生素B族较丰富。由于米糠中粗纤维含量多，影响消化率，应控制使用。一般可占日粮的5%～15%，育成鹅为10%～20%。

(2)麦麸：又称麸皮，为加工面粉副产品，包括小麦麸与大麦麸。由麦粒的外皮和黏附于其上的少量胚胎乳组成。含维生素B族、锰、磷和蛋白质较高，适口性好。但因含粗纤维多，质地疏松，体积大，具有轻泻作用，故在鹅日粮中宜控制使用，一般产蛋期占日粮5%～15%，育成期为10%～25%。

3. 块根、块茎和瓜类饲料 植物块茎切片、晒干、粉碎后作为饲料。块根主要有甘薯、木薯、马铃薯、胡萝卜、饲用甜菜、甘蓝及南瓜等。这一类饲料含水量高，容积大，其干物质的能值近似谷实类，且粗纤维和蛋白质含量低。根茎瓜类最大特点是水分含量高，可达70%～90%，无氮浸出物很高，含易消化的淀粉或糖分。

(1)木薯：又称树薯，为热带多年生灌木。我国南方地区种值较多。木薯分为苦味种和甜味种两大类。其块根富含淀粉，食用与饲用皆可。苦味木薯含较多氢氰酸，食用易中毒。木薯干物质中，90%为无氮浸出物，代谢能约为12兆焦/千克，蛋白质含量低，仅1.5%～4.0%，且品质差。赖氨酸与色氨酸多，而蛋氨酸和胱氨酸缺乏。磷含量低，而钙、钾含量高。微量元素及维生素几乎为零。脂肪含量也低。木薯中的植酸可与钙、锌结合而形成不溶性盐类，故应注意补充钙、锌。

由于木薯含有生长抑制因子，大量使用(50%)会出现适口性差，生长减慢及死亡率增加，故家禽以使用10%以下为宜。

(2)甘薯：又名红薯，是我国种植最广、产量最多的薯类。块根富含淀粉,含水量达70%,可鲜喂、熟喂、制成甘薯粉使用。茎叶皆可喂鹅。

甘薯营养价值不及玉米,成分近似木薯,不含氢氰酸,加热后可破坏蛋白酶抑制因子。优良的薯粉可占日粮的10%,应补充蛋白质、氨基酸等方可取得好的饲养效果。要预防甘薯发芽、腐烂或出现黑斑等现象。

(3)马铃薯:又称土豆,也是一种重要的饲料作物。我国主要产区在东北、内蒙古、西北与华北地区。马铃薯块茎中80%左右是淀粉,能值略高于甘薯,粗蛋白质含量为11%左右,高于木薯和甘薯,赖氨酸含量高于玉米。维生素(除胡萝卜素)含量近于玉米。

马铃薯的成分为:水分12%,粗蛋白质7.2%,粗纤维2.9%,粗脂肪0.3%,粗灰分3.5%,钙0.07%,磷0.2%。蛋禽与肉禽使用10%~30%无不良影响。

(4)胡萝卜:胡萝卜产量高,营养丰富,易栽培,耐贮存,是冬、春季重要的多汁饲料,且有蔗糖和果糖,故有甜味。富含胡萝卜素,还有大量钾盐、磷盐和铁盐等。

胡萝卜宜生喂,以免胡萝卜素、维生素C及维生素E遭到破坏。家禽可日喂20~30克,鹅应加大喂量。

(5)南瓜:又名矮瓜,为优质高产的饲料作物。南瓜营养丰富,耐贮藏和运输。中国南瓜富含淀粉,而饲用南瓜含果糖和葡萄糖,还含有较多的胡萝卜素,喂各种家禽都很适宜。

4. 糟渣类饲料 主要包括粉渣、糖渣、玉米淀粉渣、酒糟、醋糟、豆腐渣、酱油渣等。这些糟渣类经适当加工也可作为养鹅的饲料,如豆腐渣、玉米淀粉渣、粉渣中含有较多的能量和蛋白质,且品质较好;酒糟、醋糟、糖渣、酱油渣中含B族维生素较多,还含有未知促生长因子。试验证明,用以上糟渣类饲料加入鹅饲料中,不仅可以代替部分能量和蛋白质饲料,而且可以促进鹅的生长和健康,喂量可占饲粮的10%~30%。

5. 油脂饲料　油脂含能量高,其发热量为碳水化合物或蛋白质的2.25倍。油脂可分为植物油和动物油两类,植物油吸收率高于动物油。饲料中添加油脂,除本身具有的特性外,还可以改善饲料适口性,提高采食量;防止产生尘埃;提高颗粒饲料的生产效率。

(二)蛋白质饲料

蛋白质饲料一般指饲料干物质中粗蛋白质含量在20%以上,粗纤维含量在18%以下的饲料。根据饲料学分类,蛋白质饲料可分为植物性蛋白质饲料、动物性蛋白质饲料、单细胞蛋白质饲料和合成氨基酸饲料四类。

1. 植物性蛋白质饲料　植物性蛋白质饲料包括豆类籽实、饼粕类和部分糟渣类饲料,以及某些谷实的加工副产品等。

(1)豆类:包括黄豆、豌豆、蚕豆等。豆类在饲料工业中很少直接利用,而都是利用其副产品(饼粕、油渣)。但在农村,在很多养殖户中也还有时直接利用的。对黄豆必须加热处理破坏抗胰蛋白酶。豌豆与蚕豆籽实中有害成分含量很低,可安全饲喂。但目前由于豆类饲料价格昂贵,应尽量减少直接利用。

(2)饼粕类:为富含脂肪的豆类籽实和油料籽实提油后的副产品。经压榨提油后的饼状副产品称油饼,包括大饼状和瓦片状饼;经浸提脱油后的碎片状或粗粉状副产品称油粕。饼、粕是我国主要的植物蛋白质饲料,使用极广泛,用量巨大,常见有以下几种油饼、油粕。

①大豆饼(粕):是一种优质蛋白质饲料,含有较高的赖氨酸,豆粕残留油少,能量比豆饼低,但蛋白质含量高。生豆饼含胰蛋白酶抑制因子、血细胞凝集素、皂角素,前者有碍蛋白质的消化吸收,后者是两种有毒害的物质。还有致甲状腺肿物质、抗维生素、赖氨酸、雌激素因子、胀气因子等,对鹅的生长发育不利。因此,生产中

应喂熟豆饼。

②花生仁饼(粕)：花生仁饼(粕)的原料为花生。我国主要产区在山东省。花生的成分与大豆近似。花生品种较多，随脱油方法、脱壳程度不同，饼(粕)中成分含量及营养价值各异。机炸花生仁饼含粗蛋白质44%左右，浸提粕47%左右。蛋白质中球蛋白(不溶于水蛋白质)占63%，白蛋白(可溶水蛋白质)占7%左右，与大豆饼的性状有所不同。但花生仁饼(粕)的氨基酸组成不佳，其赖氨酸含量(1.35%)和蛋氨酸含量(0.39%)都很低，但其精氨酸含量特高，可达5.2%，是所有动、植物饲料中的最高者。花生饼(粕)如生长黄曲霉产生的黄曲霉毒素，则毒害作用很大。

③菜籽饼(粕)：为油菜籽榨油后得到的副产品。全国产量高，为一种良好的植物性蛋白质饲料，但由于其含有硫葡萄糖苷，在芥子酶的作用下，可分解为异硫氰酸盐和唑烷硫酮等有害物质，严重影响菜籽饼(粕)的适口性，导致甲状腺肿大，激素分泌减少，使动物生长速度和繁殖率降低。在生产中应严格控制喂量(占日粮的5%~8%)，并与棉仁饼配合使用，经脱毒后方可增加饲喂量。

④棉仁饼：棉仁饼是棉籽脱壳榨油后的副产品。一般蛋白质含量为33%~40%，最高可达50%，因其赖氨酸含量低，适口性差，且含有棉酚毒素，影响蛋白质吸收，降低产蛋量、受精率和孵化率。应严格控制饲喂量，日粮中不应超过3%~5%。粉碎后加入0.5%硫酸亚铁，可使棉酚与铁结合而去毒。

⑤植物蛋白粉：为制粉、酒精等加工业采用谷实、豆类、薯类提取淀粉，得到蛋白质含量很高的副产品。可作饲料的有玉米蛋白粉、粉浆蛋白粉等。其粗蛋白质含量因工艺条件不同而差异很大，为25%~60%。其氨基酸组合不佳，蛋氨酸含量虽高，但赖氨酸和色氨酸含量严重不足。但玉米蛋白粉含丰富的黄色素，含量为玉米的15~20倍，可使机体的肤色和蛋黄颜色加深。

2. 动物性蛋白质饲料　这类饲料主要是水产品、肉类、乳和蛋白加工的副产品,还有屠宰场和皮革厂的废弃物及丝织厂的蚕蛹等,其共同特点为蛋白质含量高,氨基酸组合好、矿物质、维生素B族丰富,特别是含有维生素B_{12},不含纤维素,容易消化吸收。由于种类多,其营养成分因原料、加工、贮存等因素而异。

(1)鱼粉:为应用最广、效果最好的动物性蛋白质饲料。包括进口鱼粉与国产鱼粉。进口鱼粉主要来自智利、秘鲁与日本。我国鱼粉工业起步较晚,多为小规模生产,产量不多,因生产工艺落后,质量不够稳定。近年已研制出低鱼粉日粮和无鱼粉日粮,鱼粉用植物性蛋白或其他动物性蛋白所取代。使用鱼粉时注意的问题:①含盐问题:各国对鱼粉中含盐的允许量不尽相同,但以含量低为上品,我国鱼粉生产工艺落后,造成含盐量高而易导致食盐中毒。因此检测食盐含量应列为鱼粉质量标准之一。②霉变问题:由于加工或贮存等条件不合格,鱼粉被污染或滋生致病细菌、霉菌及有害微生物,同样应予检验。③酸败问题:当鱼粉脂肪含量偏高或贮存不当,所含不饱和脂肪酸极易氧化生成醛、酮、酸等物质,而导致发霉、腐败,故也应予以检验,确保品质。

(2)肉粉与肉骨粉:原料来源为屠宰场、肉品加工厂的下脚料,即将可食部分除去后的残骨、内脏、碎肉等经干燥粉碎而得到的产品。也有用非传染性疾病死亡的动物躯体制作,油脂厂的酮体残余或内脏制药后的残渣、骨骼等制作肉骨粉。近年多用干式加工法。由于原料不同,我国规定肉粉中含骨量超过10%则称为肉骨粉。

(3)羽毛粉:系由各种家禽屠宰后的羽毛以及不适于作羽绒制品的原料制成。一般采用高压加热水解法、酸碱水解法、微生物发酵或酶处理法、膨化法制作羽毛粉。

羽毛粉含粗蛋白质达83%以上,但其蛋白质品质差,其氨基酸组成特点是甘氨酸、丝氨酸含量高,分别为6.3%和9.3%,异亮氨酸也高达5.3%,此外胱氨酸也高达4%左右,而赖氨酸、色氨酸和蛋氨酸含量少。因此,使用量应予严格控制,日粮中一般不超过3%。在换羽期间,饲喂效果较好。

动物性蛋白质还有血粉、蚕蛹、蝇蛆、蚯蚓等及其制品。

3. 细胞蛋白质饲料　单细胞生物产生的细胞蛋白质称为单细胞蛋白。由单细胞生物个体组成的蛋白质含量较高的饲料,称为单细胞蛋白饲料。这类饲料包括酵母、非病原菌、原生动物及藻类。而生产实践中应用最广泛的是饲料酵母。将酵母繁殖在适当的工农业副产品上而制成的一种饲料,称为饲料酵母。

饲料酵母的蛋白质生物学价值介于植物性蛋白质和动物性蛋白质之间。其氨基酸组成特点是赖氨酸、色氨酸、苏氨酸、异亮氨酸等几种重要的必需氨基酸含量均较高,精氨酸含量低,适合与饼(粕)类饲料配伍。但蛋氨酸、胱氨酸含量低,故使用时注意添加DL-蛋氨酸。此外,B族维生素含量丰富,烟酸、胆碱、核黄素、泛酸和叶酸的含量均高,但维生素 A 和维生素 B_{12} 含量不高,钙少,磷、钾高。此外,还含有未知生长因子,与复合氨基酸配合,可部分或全部代替鱼粉饲喂,也可与鱼粉并用。

(三)青绿多汁饲料

鹅是草食家禽,青绿饲料是鹅所需养分的重要来源,特别是放牧条件下。青绿饲料主要包括野生牧草、栽培牧草、蔬菜、作物茎叶、青绿树叶、青饲作物、水生饲料等,具有来源广、成本低廉的优点。青绿饲料干物质中蛋白质含量高,品质好;钙含量高,且钙、磷比例适宜;粗纤维含量少,适口性好,容易消化;富含胡萝卜素和多种 B 族维生素。但青绿饲料一般含水量高达 70%~80% 以上,干物质含量少,有效能值低,因此在大量饲喂青绿饲料的条件下,要注意适当补充精料。

应用青绿饲料时应注意以下问题:①青绿饲料要现采现喂,使用前应进行适当调制,如清洗、切碎和打浆等,以利于鹅采食和消化。不可喂剩或霉烂变质的青草,因为青草霉烂变质后,可使其中的硝酸盐转变为亚硝酸盐,从而引起鹅中毒。②放牧或采集青绿饲料时,应了解青绿饲料的特性,有毒的或刚喷过农药的菜地、草地或牧草,要严禁放牧,以防中毒。③含草酸多的青绿饲料,如菠菜、甜菜、牛皮菜等,应限制饲喂,否则的话,往往会干扰钙的利用而引起雏鹅佝偻病或瘫痪及母鹅产薄壳蛋和软壳蛋。④某些含皂素多的豆科牧草(如某些苜蓿品种)喂量不宜过多,过多的皂素会抑制雏鹅的生长。⑤幼嫩期青刈的玉米、高粱和苏丹草等禾本科牧草中含有氰甙配糖体,采食后会在体内转变为氢氰酸而中毒。为了防止中毒,宜在抽穗期刈割,也可调制成干草或青贮,使毒性减弱或消失。⑥应考虑植物不同生长期对养分含量和消化率的影响,适时刈割。一般来说,豆科牧草应在初花期至盛花期采收,而禾本科牧草应在孕穗期至抽穗期采收。此外,利用水生饲料时,还应防止寄生虫的蔓延。

(四)粗饲料

粗饲料一般指干物质中粗纤维含量18%以上的饲料。主要包括干草类、农副产品类、风干后的树叶类和糟渣类等。国外以青干草为主,国内尤其是农区则以农副产品类为主。此类饲料的共同特点是:

(1)碳水化合物中粗纤维含量高而无氮浸出物含量低,因而消化率低。如干草粗纤维含量一般在25%~30%,秸秆和皮壳则高达30%以上,且粗纤维中木质素较高,很难消化;另外,无氮浸出物低,尤其是淀粉和糖较少,主要是多缩戊糖,所以无氮浸出物消化率也较低。

(2)粗蛋白含量差异很大。豆科干草和地瓜蔓蛋白质含量可达 10%～19%，禾本科干草只含 6%～10%，秸秆和皮壳仅含 3%～5%。

(3) 矿物质中，钙含量豆科粗饲料较高，其他则较低，如豆科干草及秸秆含 1.5% 左右，禾本科干草只含 0.2%～0.4%；各种粗饲料磷均较低，干草多在含 0.15%～0.3%，秸秆则在 0.1% 下；但粗饲料中钾含量均较高。

(4) 维生素 D 丰富而其他维生素较少，其原因是植物中麦角固醇经紫外线照射后可转变为维生素 D。

虽然鹅为草食家禽，但与草食家畜相比，对粗饲料的消化率仍然偏低，对含粗纤维很高的干草及作物秸秆，只能有限地利用，所以粗饲料在鹅饲料中的比例不应太高，一般以 25%～30% 以下为宜，否则会降低鹅的生产性能。

(五) 矿物质饲料

矿物质饲料是为了补充植物性饲料和动物饲料中某种矿物质元素不足而利用的一类饲料。矿物质在大部分饲料中都有一定含量，在散养和低产的情况下，看不出明显的矿物质缺乏症，但在规模化饲养、高产的情况下需要量增多，必须在饲料中补加。矿物质饲料包括天然单一的矿物质饲料和多种混合的矿物质饲料，以及某些微量或常量元素的补充料。

1. 食盐　其化学成分为氯化钠，其中含钠 39%，氯 60%，另有少量钙、镁、硫等。食盐具有促进食欲，保持细胞正常渗透压，维持健康的作用。但禽类对食盐的耐受量较低，一般在日粮中含量为 0.25%～0.5%。当食盐含量偏高或混合不匀时，就有可能引起食盐中毒。具体喂量视饲粮组成中的含盐量、日龄、生产需要而定。

2. 石粉　由天然石灰石粉碎而成，主要成分为碳酸钙，白色或灰色,无味,不吸湿。钙含量为 35%～38%。价格低廉,但禽类吸收率较低。石粉中的铅、汞、砷、氟的含量不超标,均可食用。石粉的用量禽类控制在 2%～7%。过高易影响有机养分的消化率,使泌尿系统发生炎症与结石。最好与骨粉按 1:1 的比例配合使用。

3. 贝壳粉　贝壳粉为各种贝类外壳(如蚌壳、螺蛳壳、蛤蜊壳等)经加工粉碎而成的粉状或粒状产品。含有约 94% 的碳酸钙(38% 的钙),呈白色粉状或片状。禽类对贝壳粉的吸收率尚可,特别是下午喂颗粒状贝壳,有助于形成良好的蛋壳。

4. 蛋壳粉　蛋壳粉为禽蛋加工厂的副产品,经清洗、干燥灭菌、粉碎过筛即成。除含有碳酸钙约 94%(34% 钙)外,还含有 7% 粗蛋白质、0.09% 的磷,为理想钙源,利用率较高。

5. 骨粉　以家畜的骨骼为原料,经蒸汽高压蒸煮、脱脂、脱胶后干燥、粉碎过筛制成。一般为黄褐色或灰褐色,其基本成分为磷酸钙,含钙量约 26%,磷约 13%,钙磷比为 2:1,是钙、磷较平衡的矿物质饲料。还含蛋白质约 12%。其品质因骨源与加工方法不同而差异较大,如经 5332 帕压力处理脱胶,骨髓和脂肪基本去除,则无异味,并呈白色粉末。骨源当以猪骨为佳。生骨粉易酸败变质,并有传播疾病的危险。

6. 磷酸钙盐　由磷矿石制成或由化工生产的产品。常用的有磷酸二钙(磷酸氢钙),还有磷酸一钙(磷酸二氢钙),它们的溶解性要高于磷酸三钙,动物对其中的钙、磷的吸收利用率也较高。磷酸钙盐中的氟不宜超过 0.2%,以免引起禽类中毒,甚至大批死亡。

(六)饲料添加剂

为了满足营养需要,完善饲粮的全价性,需要在饲料中添加原来含量不足或不含有的营养物质和非营养物质,以提高饲料利用率,促进鹅生长发育,防治某些疾病,减少饲料贮藏期间营养物质的损失或改进产品品质等,这类物质称为饲料添加剂。包括营养性添加剂和非营养性添加剂。

1. 营养性添加剂　　主要用于平衡或强化饲料营养,包括氨基酸添加剂(如赖氨酸添加剂、蛋氨酸添加剂等)、维生素添加剂(如维生素 B_1、维生素 B_2、维生素 E、复合维生素等)和微量元素添加剂。

2. 非营养性添加剂　　这类添加剂虽不含有鹅所需要的营养物质,但添加后对促进鹅的生长发育、提高产蛋率、增强抗病能力及饲料贮藏等大有益处。其种类包括抗生素添加剂(如杆菌肽锌预混剂、硫酸黏杆菌预混剂、万能霉素、恩拉霉素预混剂、喹乙醇预混剂等)、驱虫保健添加剂(如莫能霉素、拉沙霉素、盐霉素、氨丙啉、马壮霉素等)、抗氧化剂(如山道喹、乙基化羟基甲苯、丁基化羟基甲氧苯等)、防霉剂(如丙酸钠、丙酸钙、脱氢醋酸钠、克饲霉等)、中草药添加剂及激素、酶类制剂(如蛋白酶、淀粉酶、纤维素酶、木聚糖酶等)等。

随着现代畜牧业的发展,药物添加剂的使用范围不断扩大,有些药物如抗生素、磺胺类药、激素等已广泛用于促进畜禽的生长、减少发病率和提高饲料利用率等各个方面。但是,由于药物添加剂的广泛使用,在给畜牧业带来增产、增收的同时,也带来了药物残留,给人类健康带来潜在危害。为了保证畜牧业的正常发展及畜产品品质,我国政府颁布了用于饲料添加剂的兽药品种及休药期等相关法规,但目前仍有些饲料厂和饲养场(户),无视法规规定,超量添加药物,如有的饲料厂在配制鹅料时,将数倍甚至几十倍于推荐量的喹乙醇添加于饲料中,有的养鹅场(户)将鹅浓缩料与少量全价料混于一起喂,由于二者均含有喹乙醇,从而导致鹅喹乙醇中毒;也有的饲料厂或饲养场(户)为牟取暴利,非法使用违禁药品。为了扼制这种状况的继续发展,除进一步完善兽药残留监控立法外,还应加大推广合理规范使用兽药配套技术的力度,加强饲料厂及养殖场(户)对药物和其他添加物的使用管理,对不规范用药的单位及个人施以重罚,最大限度地降低药物残留,使兽药残留量控制在不影响人体健康的限量内。

二、鹅的饲养标准与饲粮配合

(一)鹅的饲养标准

在积累一定饲养经验的基础上,经过大量营养需要量的测定和研究,科学制定每天应供给鹅能量和各种营养物质的数量及比例,这种规定标准称为鹅的饲养标准,它是进行饲粮配制,达到科学养鹅的重要依据。饲养标准的种类很多,大概可分为两类:一类是国家规定和颁布的饲养标准,如美国 NRC 标准、前苏联的饲养标准、法国的饲养标准等。另一类是大型育种公司或某些高等农业院校或研究所,根据各自培育的优良品种或配套系的特点,制定符合该品种或配套系营养需要的饲养标准,或作为推荐营养需要量(参考),则称为专用标准。

1. 美国鹅 NRC 饲养标准 见表 3-1。

表 3-1 美国鹅 NRC 饲养标准(每千克饲粮含量)

营养成分	开食阶段 (0~6周龄)	生长阶段 (6周龄以后)	种鹅
代谢能(兆卡/千克)	12.12	12.12	12.12
粗蛋白质(%)	20	15	15
精氨酸(%)	1.00	0.67	0.8

续表

营养成分	开食阶段 (0～6周龄)	生长阶段 (6周龄以后)	种鹅
甘氨酸+丝氨酸(%)	0.70	0.47	0.5
组氨酸(%)	0.26	0.17	0.22
异亮氨酸(%)	0.60	0.40	0.5
亮氨酸(%)	1.60	0.67	1.2
赖氨酸(%)	0.9	0.6	0.6
蛋氨酸+胱氨酸(%)	0.75	0.40	0.50
蛋氨酸(%)	0.32	0.21	0.27
苯丙氨酸+酪氨酸(%)	1.00	0.67	0.8
苯丙氨酸(%)	0.54	0.36	0.4
苏氨酸(%)	0.56	0.37	0.4
色氨酸(%)	0.17	0.11	0.11
缬氨酸(%)	0.62	0.41	0.5
维生素A(国际单位)	1500	1500	4000
维生素D(国际单位)	200	200	200
维生素E(国际单位)	10	5	10
维生素K(毫克)	0.5	0.5	0.5
维生素B_1(毫克)	1.8	1.3	0.8
维生素B_2(毫克)	3.6	1.8	3.8
泛酸(毫克)	15	10	10
烟酸(毫克)	55	35	20
维生素B_6(毫克)	3	3	4.5
生物素(毫克)	0.15	0.10	0.15
胆碱(毫克)	1300	500	500

续表

营养成分	开食阶段（0～6周龄）	生长阶段（6周龄以后）	种鹅
叶酸(毫克)	0.55	0.25	0.35
维生素 B_{12} (毫克)	0.009	0.003	0.003
钙(%)	0.8	0.6	2.25
有效磷(%)	0.4	0.3	0.3
铁(毫克)	80	40	80
镁(毫克)	600	400	500
锰(毫克)	55	25	33
硒(毫克)	0.1	0.1	0.1
锌(%)	40	35	65
铜(毫克)	4	3	0.4
碘(毫克)	0.35	0.35	0.3
亚油酸(%)	1.0	0.8	1.0

2. 原苏联鹅的饲养标准　见表 3-2。

表 3-2　前苏联鹅的饲养标准(每千克饲粮含量)

营养成分	日龄			种鹅
	1～21	21～60	60～180 后备鹅	
代谢能(兆卡/千克)	11.70	11.70	10.87	10.45
粗蛋白质(%)	20.0	18.0	14.0	14.0
粗纤维(%)	5.0	7.0	8.9	10.0
钙(%)	1.6	1.6	2.0	1.6
磷(%)	0.8	0.8	0.8	0.8

续表

营养成分	日龄			种鹅
	1～21	21～60	60～180 后备鹅	
盐(%)	0.4	0.4	0.4	0.4
饲料量(克/只·天)				330
赖氨酸(%)	1.0	0.9	0.7	0.63
蛋氨酸(%)	0.5	0.45	0.35	0.35
胱氨酸(%)	0.28	0.25	0.20	0.20
色氨酸(%)	0.22	0.20	0.16	0.16
精氨酸(%)	1.00	0.90	0.70	0.82
组氨酸(%)	0.47	0.42	0.33	0.33
亮氨酸(%)	1.66	1.49	1.15	0.95
异亮氨酸(%)	0.67	0.60	0.47	0.47
苯丙氨酸(%)	0.83	0.74	0.57	0.49
酪氨酸(%)	0.37	0.33	0.26	0.32
苏氨酸(%)	0.64	0.55	0.43	0.46
缬氨酸(%)	1.05	0.94	0.73	0.67
甘氨酸(%)	1.10	0.99	0.77	0.77
维生素 A(国际单位)	10000	5000	5000	10000
维生素 D_3(国际单位)	1500	1000	1000	1500
维生素 E(毫克)	5.0			5.0
维生素 K_3(毫克)	2	1	1	2
维生素 B_2(毫克)	2	2	2	3
维生素 B_3(毫克)	10	10	10	10
维生素 B_4(毫克)	1000	1000	1000	1000

续表

营养成分	日龄			种鹅
	1~21	21~60	60~180 后备鹅	
烟酸(毫克)	30	30	30	20
维生素 B_6(毫克)	2			
维生素 B_{11}(毫克)	0.5			
维生素 B_{12}(毫克)	25	25	25	25
锰(毫克)			50	
锌(毫克)			50	
铁(毫克)			25	
铜(毫克)			2.5	
钴(毫克)			2.5	
碘(毫克)			1.0	

3. 法国鹅的饲养标准 见表3-3。

表3-3 法国鹅营养需要推荐量

营养成分	0~3周龄		4~6周龄		7~12周龄		种鹅	
代谢能 (兆卡/千克)	10.87	11.70	11.29	12.12	11.29	12.12	9.2	10.45
粗蛋白质(%)	15.8	17.0	11.6	12.5	10.2	11.0	13.0	14.8
赖氨酸(%)	0.89	0.95	0.56	0.60	0.47	0.50	0.58	0.66
蛋氨酸(%)	0.40	0.42	0.29	0.31	0.25	0.27	0.23	0.26
含硫氨基酸(%)	0.79	0.85	0.56	0.60	0.48	0.52	0.42	0.47
色氨酸(%)	0.17	0.18	0.13	0.14	0.12	0.13	0.13	0.15
苏氨酸(%)	0.58	0.62	0.46	0.49	0.43	0.46	0.40	0.45

续表

营养成分	0～3周龄		4～6周龄		7～12周龄		种鹅	
钙(%)	0.75	0.80	0.75	0.80	0.65	0.70	2.60	3.00
总磷(%)	0.67	0.70	0.62	0.65	0.57	0.60	0.56	0.60
有效磷(%)	0.42	0.45	0.37	0.40	0.32	0.35	0.32	0.36
钠(%)	0.14	0.15	0.14	0.15	0.14	0.15	0.12	0.14
氯(%)	0.13	0.14	0.13	0.14	0.13	0.14	0.12	0.14
饲料日采量(克) 产蛋初期							170	150
饲料日采量(克) 产蛋末期							350	300

4. 朗德鹅的饲养标准　见表3-4。

表3-4　朗德鹅营养需要推荐量

周龄	代谢能(兆焦/千克)	粗蛋白质(%)	粗纤维(%)	赖氨酸(%)	蛋氨酸+胱氨酸(%)	钙(%)	有效磷(%)	食盐(%)
0～3	12.1	20	5.8	1.0	0.6	0.65	0.4	0.3
6～10	12.6	16	7.3	0.85	0.5	0.60	0.4	0.3
种鹅	11.7	15.5	6.2	0.6	0.5	2.25	0.4	0.3

5. 辽宁昌图豁鹅的饲养标准　见表3-5、表3-6。

表3-5　辽宁昌图豁鹅营养需要推荐量

周龄	代谢能(兆焦/千克)	粗蛋白质(%)	粗纤维(%)	钙(%)	磷(%)	食盐(%)
1～30	11.72	20.0	7.0	1.6	0.8	0.35
31～90	11.72	18.0	7.0	1.6	0.8	0.35
91～180	10.88	14.0	10.0	2.2	1.2	0.35
种鹅	11.30	16.0	10.0	2.2	1.2	0.40

表 3-6　辽宁昌图豁鹅维生素、微量元素、氨基酸的营养需要量

周　龄	1～30	31～90	91～180	成鹅	种鹅
维生素 A(国际单位)	10000	5000	5000	10000	10000
维生素 D(国际单位)	1500	1000	1000	1000	1500
维生素 E(国际单位)	5				5
维生素 K_1(毫克/千克)	2	1	1	1	2
维生素 B_2(毫克/千克)	2	2	2	2	3
维生素 B_3(毫克/千克)	10	10	10	10	10
胆碱(毫克/千克)	1000	1000	1000	1000	1000
维生素 B_6(毫克/千克)	30	30	30	20	20
维生素 B_{12}(微克/千克)	25	25	25	25	25
锰(毫克/千克)	50	50	50	50	50
锌(毫克/千克)	50	50	50	50	50
铁(毫克/千克)	25	25	25	25	50
铜(毫克/千克)	2.5	2.5	2.5	2.5	2.5
赖氨酸(%)	1.0	0.9	0.7	0.63	0.63
蛋氨酸(%)	0.50	0.45	0.35	0.35	0.35
色氨酸(%)	0.20	0.20	0.16	0.16	0.16

6. 应用饲养标准时需注意的问题

(1)饲养标准来自养鹅生产,然后服务于养鹅生产。生产中只有合理应用饲养标准,配制营养完善的全价饲粮,才能保证鹅群健康并很好地发挥生产性能,提高饲料利用率,降低饲养成本,获得较好的经济效益。因此,为鹅群配合饲粮时,必须以饲养标准为依据。

(2)饲养标准本身不是永恒不变的指标,随着营养科学的发展和鹅群品质的改进,饲养标准也应及时进行修订、充实和完善,使

之更好地为养鹅生产服务。

(3)饲养标准是在一定的生产条件下制订的,各地区以及各国制订的饲养标准虽有一定的代表性,但毕竟有局限性,这就决定了饲养标准的相对合理性。

鹅的营养需要是个极其复杂的问题,饲料的品种、产地、保存好坏都会影响其中的营养含量;鹅的品种、类型、饲养管理条件等也都影响营养的实际需要量,温度、湿度、有害气体、应激因素、饲料加工调制方法等也会影响营养的需要和消化吸收。因此,在生产中原则上既要按标准配合饲粮,也要根据实际情况做适当的调整。

(二)鹅的饲粮配合

1. 饲粮的配合原则　　配合鹅的饲粮时必须考虑以下原则。

(1)营养原则

①配合饲粮时,必须以鹅的饲养标准为依据,并结合饲养实践中鹅的生长与生产性能状况予以灵活应用。发现饲粮中的营养水平偏低或偏高,应进行适当地调整。

②配合饲粮时,应注意饲料的多样化,尽量多用几种饲料进行配合,这样有利于配制成营养完全的饲粮,充分发挥各种饲料蛋白质中的氨基酸互补作用,有利于提高饲粮的消化率和营养物质的利用率。

③配合饲粮时,需要考虑的营养项目很多,如能量、蛋白质、各种氨基酸、各种矿物质等,但首先要满足鹅的能量需要,然后再考虑蛋白质,最后调整矿物质和维生素营养。

(2)生理原则

①配合饲粮时,必须根据各类鹅的不同生理特点,选择适宜的饲料进行搭配,要注意控制饲粮中粗纤维的含量。

②配制的饲粮应有良好的适口性。所用的饲料应质地良好,

保证饲粮无毒、无害、不苦、不涩、不霉、不污染。

③配合饲粮所用的饲料种类力求保持相对稳定,如需改变饲料种类和配合比例,应逐渐变化,给鹅一个适应过程。

(3)经济原则:在养鹅生产中,饲料费用占很大比例,一般要占养鹅成本的70%~80%。因此,配合饲粮时,应尽量做到就地取材,充分利用营养丰富、价格低廉的饲料来配合饲粮,以降低生产成本,提高经济效益。

2. 饲粮中各类饲料的大致比例　配合饲粮时,决定饲料种类和比例可参考表3-7所列数据。

表3-7　配合饲粮时各类饲料的大致比例

饲料种类	种类	比例(%)	饲料原料品种举例(%)
谷物饲料	2~5	40~50	玉米30~65,稻谷20~30,碎米30~50,大麦15~20,小麦10~30
糠麸类	1~3	5~15	米糠15~20,麦麸5~15
植物性蛋白质饲料	3~4	10~20	豆饼、花生饼10~25
动物性蛋白质饲料	1~3	3~10	鱼粉、肉骨粉3~7,羽毛粉、血粉3~5
矿物质饲料	3~4	1~5	贝壳粉、蛋壳粉2~5,骨粉1~2,食盐0.3~0.5
干草粉类	1~2	3~5	苜蓿草粉、三叶草粉等
青饲料	1~2	30~50	青菜、青草(牧草)等

3. 设计饲粮配方的方法　配合饲粮首先要设计饲粮配方,有了配方,然后"照方抓药"。设计饲粮配方的方法很多,如四方形法、试差法、公式法、线性规划法、计算机法等。目前养鹅户和一些小型养鹅场多采用试差法,而大型养鹅场多采用计算机法。

计算机法的运行程序就是利用线性规划原理,把原料的价格、原料中的营养成分和鹅对营养物质的需要及经验数据的约定等编写成线性方程组,然后按此方程组来进行计算。实际上,线性规划问题,是为求某一目标函数在一定约束条件下的最小值问题。在实际生产中,人们可以利用电脑公司提供的计算机软件设计饲粮配方,其具体方法不作介绍,这里仅介绍试差法。

所谓试差法就根据经验和饲料营养含量,先大致确定一下各类饲料在饲粮中所占的比例,然后通过计算看看与饲养标准还差多少再进行调整。下面以为0~3周龄朗德鹅设计饲粮配方为例,说明试差法的计算过程。

第一步:根据配料对象及现有的饲料种类列出饲养标准及饲料成分表(表3-8)。

表3-8 朗德鹅的饲养标准及饲料成分表

(兆焦/千克、%)

项目		代谢能	粗蛋白	钙	有效磷	食盐
朗德鹅饲养标准						
4~6周龄雏鹅		12.10	20.0	0.65	0.4	0.3
饲料成分						
现有饲料	秘鲁鱼粉	11.67	62.8	3.87	2.76	
	大豆粕	9.62	43.0	0.32	0.31	
	菜籽饼	8.16	34.3	0.62	0.33	
	玉米	13.56	8.7	0.02	0.12	
	麦麸	6.82	15.7	0.11	0.24	
	石粉	—	—	37.0		
	磷酸氢钙	—	—	29.5	22.8	

第二步:试制饲粮配方,计算出其营养成分。如初步确定各种饲料的比例为秘鲁鱼粉8%、菜籽饼5%、大豆粕13%、麦麸3%、

石粉 0.2%、磷酸氢钙 0.1%、食盐 0.3%、复合添加剂预混料 1%（其中含微量元素、维生素、氨基酸、保健药物及其载体）、玉米 69.4%。饲料比例初步确定后列出试制的饲粮配方及其营养成分表（表 3-9）。

表 3-9　初步确定的饲粮配方及其营养成分

饲料种类	饲料比例（%）	代谢能（兆焦/千克）	粗蛋白（%）	钙（%）	有效磷（%）
秘鲁鱼粉	8	0.08×11.67 =0.9336	0.08×62.8 =5.0240	0.08×3.87 =0.3096	0.08×2.76 =0.2208
大豆粕	13	0.13×9.62 =1.2506	0.13×43.0 =5.5900	0.13×0.32 =0.0416	0.13×0.31 =0.0403
菜籽饼	5	0.05×8.16 =0.4080	0.05×34.3 =1.7150	0.05×0.62 =0.0310	0.05×0.33 =0.0165
玉米	69.4	0.694×13.56 =9.4106	0.694×8.7 =6.0378	0.694×0.02 =0.0079	0.694×0.12 =0.0833
麦麸	3	0.03×6.82 =0.2046	0.03×15.7 =0.4710	0.03×0.11 =0.0033	0.03×0.24 =0.0072
石粉	0.2			0.002×37.0 =0.0740	
磷酸氢钙	0.1			0.001×29.5 =0.0295	0.001×22.8 =0.0228
食盐	0.3				
复合添加剂预混料	1				
合计	100	12.2074	18.8378	0.4969	0.3909

饲料种类	饲料比例(%)	代谢能(兆焦/千克)	粗蛋白(%)	钙(%)	有效磷(%)
与饲养标准比较		+0.1074	-1.1622	-0.1531	-0.0091

第三步：补足配方中粗蛋白质和代谢能含量。从以上试制的饲粮配方来看，代谢能比饲养标准多 0.1074 兆焦/千克（12.2074-12.10），而粗蛋白质比饲养标准少 1.1622（20%-18.8376%），这样可利用豆饼代替部分玉米含量进行调整。若粗蛋白质高于饲养标准，同样也可用玉米代替部分豆饼含量进行调整。从饲料营养成分表中可查出大豆粕的粗蛋白质含量为43.0%，而玉米的粗蛋白质含量为8.7%，大豆粕中的粗蛋白质含量比玉米高34.3%（43%-8.7%）。在这里，每用1%大豆粕代替玉米，则可提高粗蛋白质0.343%。这样，我们增加3.3883%（1.1622/0.3430）豆饼代替玉米就能满足蛋白质的饲养标准。

第一次调整后的饲粮配方及其营养成分见表3-10。

表3-10 第一次调整后的饲粮配方及其营养成分表

饲料种类	饲料比例(%)	代谢能(兆焦/千克)	粗蛋白(%)	钙(%)	有效磷(%)
秘鲁鱼粉	8	0.08×11.67=0.9336	0.08×62.8=5.0240	0.08×3.87=0.3096	0.08×2.76=0.2208
大豆粕	16.39	0.1639×9.62=1.5767	0.1639×43.0=7.0477	0.1639×0.32=0.0524	0.1639×0.31=0.0508

续表

饲料种类	饲料比例（%）	代谢能（兆焦/千克）	粗蛋白（%）	钙（%）	有效磷（%）
菜籽饼	5	0.05×8.16=0.4080	0.05×34.3=1.7150	0.05×0.62=0.0310	0.05×0.33=0.0165
玉米	66.01	0.6601×13.56=8.9510	0.6601×8.7=5.7429	0.6601×0.02=0.0132	0.6601×0.12=0.0792
麦麸	3	0.03×6.82=0.2046	0.03×15.7=0.4710	0.03×0.11=0.0033	0.03×0.24=0.0072
石粉	0.2			0.002×37.0=0.0740	
磷酸氢钙	0.1			0.001×29.5=0.0295	0.001×22.8=0.0228
食盐	0.3				
复合添加剂预混料	1				
合计	100	12.0739	20.0006	0.5130	0.3973
与饲养标准比较		−0.0261	+0.0006	−0.1370	−0.0027

第四步：平衡钙磷，补充添加剂。从表3-10可以看出，饲粮配方中的钙尚缺0.1370%（0.65%−0.5130%）、磷缺0.0027%（0.4%−0.3973%），这样可用0.0118%（0.0027/0.228）的骨粉和0.3608%[（0.1370−0.0118%×29.5）/0.37]的石粉代替玉米，另外按要求添加食盐和复合添加剂预混料。

这样经过调整的饲粮配方中的所有营养已基本满足要求，调整后确定使用的饲粮配方见表3-11。

表3-11 最后确定使用的饲粮配方及其营养成分表

饲料种类	饲料比例(%)	代谢能(兆焦/千克)	粗蛋白(%)	钙(%)	有效磷(%)
秘鲁鱼粉	8	0.08×11.67 =0.9336	0.08×62.8 =5.0240	0.08×3.87 =0.3096	0.08×2.76 =0.2208
大豆粕	16.39	0.1639×9.62 =1.5767	0.1639×43.0 =7.0477	0.1639×0.32 =0.0524	0.1639×0.31 =0.0508
菜籽饼	5	0.05×8.16 =0.4080	0.05×34.3 =1.7150	0.05×0.62 =0.0310	0.05×0.33 =0.0165
玉米	65.64	0.6564×13.56 =8.9008	0.6564×8.7 =5.7107	0.6564×0.02 =0.0131	0.6564×0.12 =0.0788
麦麸	3	0.03×6.82 =0.2046	0.03×15.7 =0.4710	0.03×0.11 =0.0033	0.03×0.24 =0.0072
石粉	0.56			0.0056×37.0 =0.2072	
磷酸氢钙	0.11			0.0011×29.5 =0.0325	0.0011×22.8 =0.0251
食盐	0.3				
复合添加剂预混料	1				
合计	100	12.0237	19.9684	0.6491	0.3992

4. 饲粮拌和方法 饲粮使用时,要求鹅采食的每一部分饲料所含的养分都是均衡的、相同的,否则将使鹅群产生营养不良、缺

乏症或中毒现象,即使你的饲粮配方非常科学,饲养条件非常好,仍然不能获得满意的饲养效果。因此,必须将饲料搅拌均匀,以满足鹅的营养需要。饲料拌和有机械拌和与手工拌和两种方法,只要使用得当,都能获得满意的效果。

(1)机械拌和:采用搅拌机进行拌和。常用的搅拌机有立式和卧式两种。立式搅拌机适用于拌和含水量低于14%的粉状饲料,含水量过多则不易拌和均匀。这种搅拌机所需要的动力小,价格低,维修方便,但搅拌时间较长(一般每批需10~20分钟),适于小型鹅场使用。卧式搅拌机在气候比较潮湿的地区或饲料中添加了黏滞性强的成分(如油脂)情况下,都能将饲料搅拌均匀。该机搅拌能力强,搅拌时间短,每批3~4分钟,主要在一些大型鹅场和饲料加工厂使用。无论使用哪种搅拌机,为了搅拌均匀,装料量都要适宜,装料过多或过少都无法保证均匀度,一般以容量的60%~80%装料为宜。搅拌时间也是关系到混合质量的重要的因素,混合时间过短,质量肯定得不到保证,但也不是时间越长越好,搅拌过久,会使饲料混合均匀后又因过度混合而导致分层现象。

(2)手工拌和:这种方法是家庭养鹅时饲料拌和的主要手段。手工拌和时特别要注意拌均,一些在饲粮中所占比例小但会严重影响饲养效果的微量成分,如食盐和各种添加剂,如果拌和不均,轻者影响饲养效果,严重时会造成鹅群产生疾病、中毒,甚至死亡。对这类微量成分,在拌和时首先要充分粉碎,不能有结块现象,块状物不能拌和均匀,被鹅采食后有可能发生中毒。其次,由于这类成分用量少,不能直接加入大宗饲料中进行混合,而应采用预混合的方式。其做法是:取10%~20%的精料(最好是比例大的能量饲料,如玉米、麦麸等)作为载体,另外堆放,拌和时将后一锹饲料压在前一锹放下的饲料上,即一直往饲料顶上放,让饲料沿中心点向四周流动成为圆锥形,这样可以使各种饲料都有混合的机会。如此反复3~4次即可达到拌和均匀的目的,预混合料即制成。最后再将这种预混合料加入全部饲料中,用同样方法拌和 3~4 次,即能达到目的。

手工拌和时,只有通过这样多层次分级拌和,才能保证配合饲粮品质,那种在原地翻动或搅拌饲料的方法是不可取的。

三、饲料的加工与调制

为改进饲料的适口性,增加鹅的食欲,提高饲料的消化率,减少饲料浪费,除放牧时直接觅食野生饲料外,其余饲料应根据实际情况进行加工调制处理。

(一)切碎

青绿饲料如各种蔬菜、牧草、水生植物、嫩枝树叶以及块根、块茎、瓜类最好洗净切碎后喂鹅。切后的青绿饲料不宜堆积久放,以免腐败变质。

(二)粉碎或磨碎

饼粕类饲料块大质硬,谷实类饲料有坚硬的外壳和表皮,干草、干叶、玉米秸等粗饲料,都不易被鹅消化吸收,必须经过粉碎或磨碎后才能喂鹅。粉碎的大小因鹅龄而异。喂大鹅的谷实类饲料可不粉碎,生产鹅肥肝的玉米,则不可粉碎。

(三)浸泡

较坚硬的谷粒如玉米和小麦,喂前用水浸泡可增大体积,增加柔软度,便于采食,易于消化。雏鹅开食用的碎米可先浸泡 1 小时后再喂。浸泡的时间不宜过久，以免发酵变质，降低适口性。

（四）湿拌

将粉碎后干粉料直接喂鹅，适口性差，浪费也大。若把粉料加水适当拌湿后再喂鹅，可提高适口性和饲料利用率。

一般拌料时以手抓可以捏成团，放开后又能疏松地打开为宜，并现拌现喂，以防变质。

（五）蒸煮

谷实饲料如玉米、大麦等蒸煮后可增加适口性和提高消化率。一些动物蛋白饲料如河蚌、小鱼等也要蒸煮，防止腐败。蒸煮过程会破坏一些营养物质。

（六）去毒

有些饲料含有使鹅中毒或不易消化吸收的物质，应经加工处理后才能使用。如棉仁饼有游离棉酚，菜籽饼有芥酸和单宁，大豆含有皂素，都必须进行去毒。

采用何种调制方法，应视鹅的年龄和用途而定。如雏鹅多采用粒料（小米或碎粒料，浸泡或蒸煮后喂；肉鹅、种鹅多采用湿拌混合粉料饲喂；鹅肥肝生产填肥饲料，则以整粒玉米经浸泡和蒸煮后加入适量食盐、食油和维生素，拌匀后填喂。

第四章 种草养鹅技术

　　鹅是大型草食家禽,饲草是发展养鹅业的物质基础,种草养鹅不仅可以保障养鹅所需优质青绿饲料的持续稳定供给,而且由于优良牧草产量高,品质好,可以发挥养鹅的经济效益。

　　种草养鹅,既符合我国当前农业产业结构调整的方向,又可加速我国养鹅业走向规模化、产业化的步伐,是值得推广的种养结合模式。本章主要介绍适合养鹅的优质高产牧草品种及其基本的栽培技术和利用方法,供养鹅生产者参考应用。

一、豆科牧草的栽培与利用

(一)白三叶

　　1. 分布　　又名白车轴草、荷兰翘摇。原产于欧洲、亚洲和非洲的交界地带,现广泛分布于温带及亚热带的高海拔地区。我国云南、贵州、四川、湖南、湖北、新疆等地都有野生分布,长江以南各省、自治区、直辖市有大面积种植。

　　2. 生物学特性　　白三叶属豆科三叶草属,为多年生草本植物。主根短,侧根和须根发达,多集中在10厘米以上的土层中,多根瘤。植株光滑,主茎短,长30~60厘米,实心,节间多,节上长出不定根、新叶及匍匐茎。匍匐茎长出后,主茎即停止生长,匍匐茎长达30~70厘米。掌状三出复叶,互生。小叶椭圆形或心脏形,有"V"形白斑纹,叶缘有细齿。托叶细小,膜质,包于茎上。异花传粉,头形总状花序,花小而多,白色或粉红色。花梗从叶腋抽出,比叶柄稍长。荚果细小,每荚含种子3~4粒。种子心脏形,浅棕黄色,千粒重0.5~0.7克,硬实率高。5月中旬为盛花期,花期长达2个月。叶片大小和长度变异较大,根据叶片大小可分为大叶、中叶和小叶3种类型。大叶型产草量高,但耐牧性稍差;小叶型耐践踏,但产草量低;中叶型品种介于两者之间。

白三叶喜温暖湿润气候,最适温度为19~22℃,低于10℃时生长缓慢,但也较耐寒,幼苗能耐-4~-5℃低温。耐旱能力一般,正常生长的最低年降水量为600毫米。可耐长时间水淹。也耐阴,可在林地下种植。对土壤要求不严,能在酸性土壤、瘦土、沙壤土上生长,但以肥沃湿润弱酸性壤土上生长最佳,适宜土壤pH值为6~7,不耐盐碱。耐践踏,再生性好。每年有春、秋两次生长高峰,夏季地上部分死亡,可宿根越夏。

3. 栽培技术

(1)播种前的准备:白三叶种子细小,所以播种前要精细整地,清除杂草。每公顷(15亩)施有机肥22.5~30吨,钙镁磷肥250~300千克、硫酸钾50~100千克和硫酸铜5千克。严重缺氮的土壤还可施用尿素120~150千克。还可适当施些石灰,以利于白三叶对磷、钾的吸收。在没种过白三叶的土地上播种时,要接种三叶草根瘤菌,这一点对于酸性土壤和贫瘠土壤来说尤为重要。白三叶种子硬实率高,播前要用温水浸泡或细沙擦破种皮,以提高发芽率,然后与灰肥或磷肥拌匀后一起播于土表。

(2)播种:白三叶可春播或秋播,南方以秋播为宜,北方宜春播,以利于当年越冬。春播最好在3月上中旬,秋播不晚于10月中旬,若过晚,越冬易受冻害。单播和混播皆可,单播通常采用条播或撒播。条播的用种量为每公顷为7.5~12千克,行距30厘米,播深1~1.5厘米。撒播用种量为每公顷为22.5~30千克。

播后覆土1.5～2厘米。白三叶宜与多年生黑麦草、鸭茅、牛尾草、猪尾草等混播,这样可提高产草量,也有利于放牧。

(3)田间管理:白三叶苗期生长缓慢,应注意中耕除草。一旦草层建植后,其竞争能力很强,不必再行中耕。白三叶对磷、钾肥比较敏感,每年需用一定数量的磷和钾肥作为维持肥,以保证草场持续稳定。酸性土壤上可施用一定量的石灰,有利于其对矿物质养分的吸收。

4. 营养成分与利用方法　白三叶叶量丰富,草质柔嫩,营养价值高,粗纤维含量低,在不同的生育阶段其营养成分和利用价值比较稳定,为各类畜、禽所喜食。开花期干物质中含粗蛋白质18.1%～28.7%、粗纤维12.5%、粗脂肪2.7%、无氮浸出物47.1%、粗灰分13%。白三叶可放牧或刈割青饲,还可晒制干草。

春播当年每公顷产青草15吨,以后每年每公顷产青草37.5～60吨。白三叶宜在初花期刈割,一般每隔25～30天刈割一次,4月初至10月份均可刈割。放牧利用时,宜与其他禾本科牧草混播,禾本科牧草与白三叶的比例以2∶1较为理想,这样既可保持单位面积内干物质和蛋白质的最高产量,又可防止鹅过多采食白三叶引起胃肠臌胀病。

白三叶种子成熟不一致,当多数种子成熟时即可采收,每公顷可收种子450～525千克。种子可以落地自生,维持草地经久不衰。

(二)紫花苜蓿

1. 分布　又叫紫苜蓿、苜蓿。紫花苜蓿原产于亚洲西部山区,是当今世界分布最广的栽培牧草,被誉为牧草之王。紫花苜蓿在我国的栽培历史至今已达2000多年,其主要产区在西北、华北、东北地区和江淮流域。

2. 生物学特性　紫花苜蓿属豆科、苜蓿属,为多年生草本植物。直根系,主根可深达10米,侧根也十分发达,多集中于40厘米的土层内,着生很多根瘤。株高1米以上,茎直立或斜上,光滑,略呈方形,分枝很多。羽状三出复叶,小叶先端有锯齿。异花授粉,总状花序簇生,自叶腋生出,每簇有小花20～30朵,蝶形花冠、紫色。荚果螺旋形,成熟后呈黑褐色,不开裂,每荚含种子2～8粒。种子肾形,黄褐色,千粒重1.5～2.3克。生育期110天左右,花期6～7月份,果期7～8月份。

紫花苜蓿喜温暖而干燥的气候,种子发芽的最适温度为12～25℃,生长最适温度为25～30℃,耐寒,幼苗能耐受-6～-7℃,成株可耐受-25℃的低温。多雨湿热天气对其不利,忌水渍,连续淹水24小时即大量死亡。属强光照植物,不耐阴,日照充足才能生长良好。紫花苜蓿适宜沙质黏性黑土、壤土和富含石灰质土壤,不要选择太贫瘠土地。最适土壤pH值为7～8,在中性至微碱性土壤上都可种植。

3. 栽培技术

(1)播种前的准备:选择土层深厚的土壤。紫花苜蓿种子小,幼芽细弱,顶土力差,整地必须精细,要求地面平整,土块细碎,无杂草,播前最好浇水1次。畦宽1.4～1.7米,沟宽25厘米,深25厘米以上。每公顷施有机肥22.5～37.5吨和过磷酸钙300～450千克做基肥。播种前要晒种2～3天,或用40～50℃温水浸泡1小时,以打破休眠。在从未种过苜蓿的土地上播种时,要接种苜蓿根瘤菌。接种方法是将菌液洒在种子上,随拌随播。无菌剂时,也可将种子与老苜蓿地土壤混合后播种。

(2)播种:紫花苜蓿一年四季均可播种。春播可在2月底至3月初进行。夏播在6～7月份进行,但此时杂草较多,应注意除草。秋播在8月至9月中旬进行。播种方法有条播和撒播,用种量为每公顷11.25～15千克,播种后要覆土2～3厘米,条播行距一般为 30～60 厘米。紫花苜蓿也可以与其他豆科或禾本科作物（如无芒雀麦、披碱草、燕麦草和百脉根等）混播，种子比例为 1∶1 或 2∶1。

(3)田间管理：紫花苜蓿在苗期生长十分缓慢，易受杂草危害，要中耕除草 1～2 次。每次刈割后要灌溉，但苜蓿怕积水，水量不宜太大；还要追肥，每公顷施过磷酸钙 150～300 千克或磷酸铵 60～90 千克。入冬时要浇足冬水，冬季严禁放牧。紫花苜蓿病虫害较多，一经发现即行刈割饲用为宜。常见病害有霜霉病、锈病、褐斑病等，可用波尔多液、石硫合剂和甲基托布津等防治。虫害有蚜虫、叶蝉（浮尘子）、盲蝽象、金龟子等，可用乐果、敌百虫等药防治。

4. 营养成分与利用方法　紫花苜蓿茎叶柔嫩鲜美，蛋白质含量高，并有多种维生素和矿物质，是极好的饲草，各类畜、禽都喜食。紫花苜蓿的干草中含粗蛋白质 17％～22％、粗脂肪 3％～4％、无氮浸出物 29％～32％、粗纤维 24％～29％。

紫花苜蓿是中寿牧草，一般第二至第四年生长最茂盛，第五年后生产力逐渐下降。播后 2～5 年内，一般每年可刈割 3～5 次，每公顷产鲜草 30～60 吨，产干草量 5～12 吨。除做青饲外，紫花苜蓿还可调制干草。青刈在株高 30～40 厘米时开始为宜，留茬 7～8 厘米，秋季最后一次刈割应在生长季结束前 20～30 天时进行。调制干草的适宜刈割期是初花期。

(三)大绿豆

1. 分布　又名四季绿豆、番绿豆、印尼绿豆。是一种高产、优质、饲料和肥料兼用的优良牧草，原产于西南亚一带。我国于 20 世纪 50 年代从印度尼西亚引入，然后逐渐在长江以南地区推广。

2. 生物学特性　大绿豆属豆科、菜豆属，为一年生草本植物。

根系发达,主要分布在耕作层内。株高1～1.5米,茎粗,分枝多,主枝直立,侧枝向上倾斜。叶为三出复叶,宽大,心形,叶柄长12厘米左右。花为无限花序,腋生,小花5～7朵,黄色、蝶形。荚果细长,圆筒形,长7～11厘米,成熟时为黑褐色,内生籽实8～12粒。种子圆柱形或短矩形,墨绿色,千粒重50～55克。

大绿豆喜温暖湿润气候,适宜气温为15～32℃。不耐寒,遇初霜即停止生长,开始枯萎。耐高温,30～36℃时生长旺盛。耐干旱,不耐涝,积水易死亡。对土壤适应性广,耐瘠薄,在酸性红壤和黏壤土上都能生长,但最适宜在壤土和石灰性冲积土上生长。

3. 栽培技术

(1)播种前的准备:播种前3～5天,深翻土地,耙碎耢平,并起畦,水田开135厘米的畦,旱地开200厘米的畦。每公顷施腐熟有机肥30吨作为基肥。

(2)播种:播种期为4月下旬至5月初,可条播或穴播,株行距30厘米×40厘米,播深2～3厘米,用种量每公顷为30～45千克,每穴播4～5粒种子。也可育苗移栽。

(3)田间管理:待苗长至2～3片真叶时,要中耕除草并定苗,每穴保留2～3株。每次刈割后每公顷追施尿素225千克。留种用的大绿豆,除施一定的基肥和多施些磷、钾肥外,要适当控制氮肥的施用,以免植株徒长。大绿豆种子成熟不一致,要分期收获,待豆荚成熟呈黑色时采收。每公顷可产种子约1125千克。大绿豆的病虫害在苗期有地老虎,现蕾开花期有蚜虫,要及时防治。在开花结荚期要注意浮尘子(叶蝉)、豆荚螟和大豆食心虫危害。可用40%乐果乳油800倍液喷雾或用4.5%高效氯氰菊酯乳油2500～3000倍液喷杀。

4. 营养成分与利用方法 大绿豆叶质柔嫩,适口性好,营养成分高,各种家畜均喜食,适合做鹅的青绿饲料。大绿豆茎叶干物质中含粗蛋白质21.7%,粗脂肪2.12%,粗纤维22.72%,无氮浸出物39.29%,粗灰分14.1%。

大绿豆主要用于刈割鲜饲,也可调制干草粉做鹅的配合饲料。全期可刈割4～5次,每公顷产鲜草60吨左右。第一次在分枝偏中期时轻割,第二次在分枝的高峰期重割,第三次在现蕾初期刈割,第四次在盛花期刈割,第五次在结荚期刈割。每次割叶应保留下部3～4层果枝叶,同时摘除顶心。

(四)紫云英

1. 分布　紫云英又叫红花草、翘摇。是水稻产区的主要冬季绿肥作物,也是畜、禽的优质饲料。原产于中国,现已推广到亚洲中部和西部地区。

2. 生物学特性　紫云英属豆科、黄芪属,为一年生或越年生草本植物。主根肥大,侧根发达,密集于表土15厘米以上土层中,密生有深红色或褐色根瘤。茎高30～100厘米,圆柱形,中空,有疏茸毛,具7～14节,后期匍匐。奇数羽状复叶,小叶7～13片,倒卵形或椭圆形,全缘,顶端微凹或微缺。托叶卵形,前端稍尖,叶面有光泽,疏生短柔毛,中脉明显。伞形花序,花梗细长,由叶腋抽出,每个花序有7～13朵小花,淡红色或紫红色。荚果细长,条状,长圆形,稍弯,顶端喙状,基部有短柄,成熟时呈黑色,每荚含种子4～10粒。种子肾形,种皮光滑,黄绿色或黄褐色,千粒重3～3.5克。出苗后1个月左右形成6～7片叶时开始分枝,4月上中旬开花,5月上中旬种子成熟。

紫云英喜温暖潮湿气候,生长最适温度为15～20℃,种子在4～5℃时即可发芽。不耐寒,当气温达到-5～10℃时,易受冻害。耐湿不耐旱,播种至发芽前不能缺水,但生长发育期忌积水。喜壤土或黏壤土,耐瘠性弱,在保水保肥性差的沙壤土上生长不良。适宜pH值为5.5～7.5,不耐碱。

3. 栽培技术

(1)播种前的准备:紫云英多与水稻轮作。播种之前开好厢沟、围沟和主沟,厢宽 2.7~3 米,厢沟宽 24 厘米,沟深 30 厘米,围沟和主沟宽 30 厘米。播种前要晒种 1~2 天,然后加入细沙擦种,以擦掉表皮上的蜡质,并用 5% 盐水选种,清除病粒和空秕粒。选出的种子要浸种 8 小时,捞出晾干,用根瘤菌(菌剂与种子的比例为 1:10)和钙镁磷肥拌种后即可播种。播种时应保持田面湿润或有薄水层,要做到薄水播种,见芽落干,湿润扎根。

(2)播种:一般在 9 月上旬至 10 月中旬播种,适时早播对紫云英高产十分有利,用种量为每公顷 30~40 千克,播种要均匀。播种 2~3 天后种子露芽,此时应将田面落干。

(3)田间管理:紫云英发芽前不能缺水,但生长发育期忌积水,所以发芽时以土面软而有水层、出苗后以土面湿而无水层为好。出苗后,每公顷用 3750~4500 千克稀粪水浇施,并充分利用冬前温光条件加速幼苗生长。紫云英对磷肥非常敏感,在抽茎前以过磷酸钙配合速效氮肥施用效果最好。在 12 月上旬至中旬,每公顷施土杂肥 6~7.5 吨和过磷酸钙 375~450 千克,可增强其抗寒能力。开春后每公顷追施尿素 30~60 千克,叶面喷施 0.2% 硼砂溶液 2 次,可提高鲜草产量 20%。晚稻收获后应盖草以防冻害,增施猪舍、牛栏粪肥和草木灰对紫云英防寒抗冻害也有一定效果。

紫云英主要有蚜虫、潜叶蝇、菌核病等病虫害。可用敌敌畏 1000 倍液喷雾防治蚜虫、潜叶蝇,用 40% 灭病威 150 毫升或 70% 甲基托布津 75~100 克兑水 50 升喷雾防治菌核病,用 18% 杀虫双 200~250 克兑水 50~60 升喷雾防治豆荚螟。

4. 营养成分与利用方法　紫云英粗蛋白质含量丰富,并含有各种矿物质和维生素,茎叶鲜嫩多汁,适口性好,是各种家禽的优质饲料。花期干物质中,含粗蛋白质 25.8%、粗脂肪 4.6%、粗纤维 11.3%、无氮浸出物 41%。

紫云英可兼做绿肥与牧草，下部1/3及根部做绿肥，上部2/3可做饲料。从初花期至盛花期，紫云英的营养价值均很高，之后营养价值降低，所以用作鲜饲、青贮、制作干草或干草粉时，最好在初花期至盛花期利用。紫云英产量高，每年可刈割2~3次，每公顷产鲜草22.5~37.5吨，最高可达60吨。

二、禾本科牧草的栽培与利用

（一）多花黑麦草

1. 分布 又名意大利黑麦草。原产于欧洲南部、非洲北部及小亚细亚等地。在我国长江流域及其以南地区，如江西、湖南、湖北、四川、贵州、云南、江苏、浙江等省普遍种植。在东北及华北地区亦引种春播。

2. 生物学特性 多花黑麦草属禾本科、黑麦草属，为一年生或短寿多年生。须根密集，根系浅，主要分布于15厘米以上的土层中。植株高80~120厘米，茎呈疏丛状，光滑、直立。叶长10~30厘米，宽3~5毫米，浅绿色，叶耳大，叶舌小或不明显，叶鞘疏松。穗状花序，穗宽5~10毫米，长10~30厘米，每穗有小穗30个左右，互生于主轴两侧，小穗含13~22朵小花，故名多花黑麦草。种子千粒重1.8~2.3克。

多花黑麦草是温带牧草，喜温暖湿润气候，最佳生长气温为18~25℃，分蘖适宜温度为15℃。秋季和春季生长快。不耐严寒和干热，-10℃时会受冻死亡，而高于35℃时生长受阻。不耐干旱，同时忌积水。耐盐碱，最适宜pH值为6~7，pH值为5~8仍适应。适宜在壤土或黏土上种植。

3. 栽培技术

(1)播种前的准备:多花黑麦草种子小而轻,播种前需整地精细并深翻,耕深不少于20厘米。一般地表5厘米以内的土粒直径不应超过2厘米。每公顷施22.5~30吨优质粪肥作为基肥。

(2)播种:长江中下游地区秋播、春播皆可,但秋播产量较高。秋播宜在9月下旬进行,春播时间在4月下旬至5月上旬。播种方式一般以条播为宜,也可撒播。条播行距18~30厘米,每公顷用种量15千克,播深1.5~2厘米;撒播每公顷用种量22.5千克。播种后盖土1厘米左右并压紧。播后6~8天,种子开始发芽。也可育苗移栽,先在苗圃育苗,当苗高20厘米左右时,苗圃浇透水,起苗后带土移栽于苗床上,每穴2苗,穴距25~30厘米,保湿,1周后即可返青生长。

(3)田间管理:多花黑麦草苗期要及时中耕除草,阔叶类杂草可每公顷用75%"巨星"1克或"好事达"45~60克兑水750升喷雾,单叶类杂草可用6.9%"骠马"750~900毫升兑水750升喷雾。多花黑麦草喜湿但怕涝,要及时浇水、排水。

在冬季和早春都要进行追肥,每次每公顷施用112.5~150千克尿素,氮肥能提高其产量和粗蛋白质含量。每次刈割1~2天后也要追肥,每公顷施尿素90~120千克,同时还要浇水。多花黑麦草易遭黏虫、螟虫等危害,要及时喷洒敌杀死、速灭杀丁等防治。

4. 营养成分与利用方法　多花黑麦草草质好,柔嫩多汁,适口性好,鹅喜采食。其茎叶干物质中,含粗蛋白质13.7%、粗脂肪3.8%、粗纤维21.3%、无氮浸出物46.6%、粗灰分14.8%。

多花黑麦草的供草期在3月下旬至6月初,其分蘖力好,再生性强,当株高40~50厘米时可开始割第一茬,以后每隔20~30天刈割一次,留茬高度5~6厘米,以利于再生。一般每公顷产鲜草52.5~60吨,可饲喂4500~5250只鹅。多花黑麦草适宜鲜饲、调制干草或青贮,鲜饲为孕穗期或抽穗期收割,调制干草或青贮为盛花期收割。多花黑麦草亦可放牧。

（二）宽叶雀稗

1. 分布　原产于南美洲的巴西南部、巴拉圭和阿根廷北部等亚热带多雨地区，其栽培品种由澳大利亚选育而成。我国于1974年从澳大利亚引入，现在南方地区广泛种植，是福建、广东、广西以及贵州南部边缘等温热湿润地区的当家禾本科牧草。

2. 生物学特性　宽叶雀稗属禾本科、雀稗属，是多年生草本植物，为丛生半匍匐。根系发达，属须根系，主要分布于10～20厘米的土层中。株高60～120厘米，分蘖能力强，单株蘖可达18个左右。茎秆粗短，外被柔毛。茎下部贴地面呈半匍匐状，茎节可生长不定根和新枝。叶宽大平展，长10～30厘米，宽2.5厘米左右，具细短纤毛。叶鞘暗紫色。叶舌膜质，有长纤毛。穗状总状花序，长5～7厘米，分枝12～18个。小穗孪生，绿色卵圆形，长3～4毫米。种子细小，卵形，颜色较深，千粒重1.4克左右。

宽叶雀稗是热带型禾草，喜温。生长适宜温度为25～30℃，气温低至7℃时生长受阻，连续霜冻或低于0℃时会死亡。耐高温干旱，40℃左右时都能正常生长。对土壤要求不严，耐瘦瘠的酸性红壤，在pH值为4.5以下的红壤坡地里仍能生长。刈割再生性强，耐践踏。对麦角病具有一定的免疫性。在我国亚热带地区3月份播种，4月初全苗，出苗2周后分蘖，5月下旬拔节，6月下旬抽穗，7月中旬开花下8月中旬大量结实。

3. 栽培技术

（1）播种前的准备：宽叶雀稗种子较小，苗床需要精细整理，要清除杂草，耙碎表土，翻耕深度要达15～20厘米，施足基肥，一般每公顷施15吨有机肥和225～300千克磷肥。

（2）播种：宽叶雀稗适于在3月底至4月上旬、日平均温度达15℃以上的湿润天气播种。适宜条播，用种量为每公顷15千克左右,行距为30~50厘米,播深1~2厘米,播后稍加细土覆盖。也可采用分株带根定植,株行距40~50厘米。

(3)田间管理:宽叶雀稗苗弱,易受杂草侵害,一般苗高15~20厘米时应中耕除草1~2次。出苗后利用雨天定苗补缺,成活后每公顷追施尿素60~75千克,促进早生快发。每次割草后一定要追施氮肥,每公顷施氮肥225千克左右,有利于其再生。宽叶雀稗种子成熟后容易脱落,应在种穗1/2变黄褐色时即分次采收。

4. **营养成分与利用方法** 宽叶雀稗叶质柔嫩,适口性好,幼嫩鲜草可粉碎或打浆喂鹅。抽穗期时,宽叶雀稗干物质中含粗蛋白质9.9%、粗脂肪1.6%、粗纤维30.4%、无氮浸出物49.9%、粗灰分8.1%。

宽叶雀稗种植后可长久受益。苗高30~40厘米时开始割草,留茬5~7厘米,在南方每年可刈割3~4次。刈割利用不宜过迟,迟则会造成草质粗硬,导致适口性下降。宽叶雀稗青草产量高,播种当年每公顷可产45~46吨,第二年产草量提高,可达105~120吨,第三年产量最高。宽叶雀稗亦可制成干草粉,是鹅配合饲料的优良组成部分。

(三)王草

1. **分布** 王草是由南美洲象草和非洲狼尾草杂交育成的,又名皇草,产量位居各种牧草之首。形如小斑竹,故又称"皇竹草"。王草最早由哥伦比亚热带牧草中心收集保存,在热带、亚热带和暖温带种植。1982年由海南热带作物研究院从哥伦比亚引进我国,1998年11月经全国牧草品种审定委员会审定通过,确定品种名称为热研4号。适于在长江以南地区种植,在山东、甘肃、河北等省也引种成功,但需盖草或盖农膜保护越冬。

2. **生物学特性** 王草属禾本科、狼尾草属,为宿根多年生草本植物。根系发达、密集,可入土3米以上。株高2~5米,茎直立,粗1.5~3.5厘米,抗倒伏能力强,茎上具节15~35个。叶片长条形,长160厘米左右,宽3~6厘米。圆锥花序,密生成穗状,长25~35厘米,小穗披针形,具小花2朵,雄蕊3枚。颖果纺锤形,浅黄色。王草分蘖能力强,单株每年可分蘖30~50株,但结实率极低,主要依靠营养繁殖。

王草喜温暖湿润气候,即平均温度15℃时开始生长,25~30℃时生长最快,不耐低温,低于10℃时生长受阻。对土壤要求不严,可种植在山地、荒坡、沙滩上,但在土层深厚、肥沃、持水力强的土壤上生长最好。在酸性红壤或轻度盐碱土上生长良好,可耐pH值为4.5~5的土壤。喜光、耐旱、耐瘠、耐湿。

3. 栽培技术

(1)播种前的准备:选择土层深厚、肥沃的土地,翻耕、平整精细、除尽杂草。做畦,畦宽1米。开好排水沟,沟深30厘米。每公顷施45吨有机肥作为基肥。

(2)播种:3~4月份,日平均温度13~14℃的阴雨天种植最合适,5~11月份也可播种。一般采取茎段扦插,株行距0.5米×1米,穴深约7厘米,将健壮的植株切成含1~2个节的小段平放大穴中,芽眼向上,覆土踩实。1周左右即可出苗,出苗后按每公顷1.5万株定苗。亦可分株种植,即将株丛外围蘖生苗带根移植。

(3)田间管理:苗期要加强管理,铲除杂草。适时中耕松土,天气干旱要进行灌溉,遇水涝要及时排水。栽后10天左右,苗返青时每公顷用尿素75千克兑水淋施。苗高45~65厘米时,清除杂草,松土,每公顷用尿素225~375千克兑水淋施。每次收割后,每公顷用225千克尿素进行追肥。越冬时,可用塑料薄膜覆盖或用泥土覆盖,盖土厚度为10~15厘米,也可将宿根挖出,置于地窖中保温贮存,还可利用大棚过冬青苗。每年发苗前,每公顷施土杂肥45吨和磷肥300千克。

少见病害,偶有钻心虫危害幼苗,可用杀虫欢加敌杀死喷洒。

4. 营养成分与利用方法　王草营养丰富,其干物质中含粗蛋白质4.4%～10%、粗脂肪1%～3.6%、粗纤维26%～40.5%、无氮浸出物30.4%～49.8%。含17种氨基酸及多种微量元素、维生素。茎秆含糖量高,脆甜多汁,适口性好,是鹅的优质青饲料,还可青贮或调制干草。

一般在5～11月份进行收割,留茬15～20厘米为宜,1年可收割6～7次,每公顷产鲜草225～375吨。注意要在晴天收割,割下的王草避免雨淋,以减少腐烂或营养成分的损失。王草再生能力强,在浙江省6月份收割后,第二天抽出的新苗即可达5～10厘米。宿根性能较好,一次栽种,可连续收割6～7年。

三、菊科和苋科牧草的栽培与利用

(一)菊苣

1. 分布　又名苦白菜。原产于欧洲、亚洲中部及北非。20世纪70年代末引入我国,现已推广到山西、四川、江苏、海南、广东、河南、河北、宁夏、甘肃、内蒙古、浙江、山东等省、自治区栽培。

2. 生物学特性　菊苣属菊科、菊苣属,为多年生草本植物。肉质根,主根明显、长而粗壮,侧根发达。

为莲座叶丛型,叶期株高40～80厘米;抽茎开花期为170～200厘米。主茎直立,具条棱,中空,分枝偏斜。基生叶有25～38片,长约35厘米,宽约10厘米,叶色深绿,质地脆嫩,折断后有白色乳汁。茎生叶小,互生,披针形。头状花序,紫色,单生于茎顶端或2～3个簇生于中上部叶腋。每个花序有16～21朵花,舌状花冠,种子细小,楔形,米黄色,千粒重0.9～1.2克。5月份开花,花期长达4个月。

菊苣生育周期为1~2年,第一年为营养生长,第二年进入生殖生长,抽薹开花形成种子。喜温暖湿润气候,生长温度为5~35℃,最适温度为18~25℃,超过35℃时易发生病毒病,低于-18℃时即遭受冻害。是长日照作物,一般中等光照强度为宜。喜肥水,土壤含水量保持70%左右为宜,但也较抗旱。对土壤要求不严格,较耐盐碱。整个生育期很少染病虫害,在低洼易涝地区易发生烂根,及时排除积水即可预防。

3. 栽培技术

(1) 播种前的准备:菊苣种子小,播种前需深耕细耙,使地平土碎,以利于出苗。每公顷施腐熟有机肥37.5~45吨作为基肥。播种时最好用细沙与种子混合,以便播撒均匀。

(2) 播种:春播、秋播均可,最低气温5℃以上均可播种,以4~10月份为好。采用条播或撒播,每公顷用种量4.5千克,条播行距为30~40厘米,播深为1.5~2厘米,不能超过3厘米。还可育苗移栽,每公顷用种量1.5千克,或用肉质根育苗,将肉质根切成2厘米长的小段,再纵切2~4小块做催芽繁殖,待小苗长有4~6片叶时移栽。

(3) 田间管理:苗期注意铲除杂草,出苗后15天至1个月内,去小苗、劣苗,保证行株距为40厘米×20厘米,同时追施速效肥1次,每公顷用复合肥300~450千克。成株期要中耕除草2~3次,每次刈割后,需中耕松土,并追施速效复合肥225~300千克。雨水过多要及时排水。发现有褐斑病、立枯病和烂根死苗现象时,要及时拔除病株,同时用50%多菌灵500倍液或65%代森锌500倍液喷洒。种子成熟不一致,需随熟随收,或在9月初大部分种子成熟时一次收获。

4. 营养成分与利用方法 菊苣茎叶柔嫩多汁,营养丰富,适口性好。鹅采食后,每15千克菊苣可增重1千克。莲座叶丛期时,菊苣干物质中分别含粗蛋白质 21.4%、粗脂肪 3.2%、粗纤维 22.9%、无氮浸出物 37%、粗灰分 15.5%。

菊苣一般多用于鲜饲,还可青贮或制成干粉。当菊苣株高 50 厘米左右即可刈割,一般 30 天刈割一次,1 年平均刈割 3~5 次,留茬高度为 5~10 厘米。最后一次刈割应在初霜来临前一个月进行,留茬高度应比平时高些,以利于越冬。菊苣产草量高,每公顷产鲜草 120~165 吨。菊苣作为青饲的利用期长,每年 3~11 月份均可刈割,刈割期比其他青饲料长,且一次播种可连续利用 15 年。

(二)苦荬菜

1. 分布　别名苦麻菜、山莴苣、苦苣、鹅菜等。原产于亚洲,经过多年驯化选育,现已成为广泛栽培的高产、优质青绿饲料。在我国长江以南各省、自治区,包括广东、广西、云南、江苏、浙江等地都有大面积种植,20 世纪 70 年代大量引入北方试种,表现良好。

2. 生物学特性　苦荬菜属菊科、苦荬菜属,为一年或二年生草本植物。直根系,主根纺锤形、分杈,其上着生大量侧根和支根,根系多集中在 30 厘米的土层中。株高 1.5~2.5 米,茎直立,粗 1~3 厘米,圆形,壁厚,质软,幼时多髓质,老时中空,多分枝。全株含白色或黄白色乳汁,有苦味。基生叶丛生、无柄,茎生叶互生,叶片披针形或长椭圆条形,全缘齿裂或羽裂,长 33~50 厘米,宽 2~8 厘米。头状花序,多数在茎枝顶端排列成圆锥状。种子瘦果,长约 6 毫米,成熟时紫黑色,千粒重 1.2 克左右。

苦荬菜喜温暖湿润气候,种子发芽起始温度为 2~6℃,最适生长温度为 25~35℃。较耐寒,幼苗可耐 −2℃ 低温。苦荬菜对土壤要求不严,微酸、微碱土壤均可种植,但在排水良好的肥沃土壤上生长最好。喜水怕旱,旱时要及时浇灌,怕涝,根部淹水易腐烂。

苦荬菜的生育期随气候带的不同而不同。在温带地区,一般于4~5月份出苗或返青,8~9月份为结实期,生育期180天左右。在亚热带地区,一般于2月底3月初出苗或返青,9~11月份为花果期,生育期240天左右。

3. 栽培技术

(1)播种前的准备:苦荬菜种子小而轻,幼芽顶土能力差,播种地块要清除杂草,翻耕细耙。每公顷需施用45吨有机肥作为基肥。种子中秕粒和杂质多,播种前要通过风选或水选。播前晒种1天,可提高发芽力。

(2)播种:苦荬菜从春到秋皆可播种,但以早春播种最为适宜。每公顷用种量为7.5~9千克。播种方式有条播、点播、撒播和育苗移栽。条播行距为30~60厘米,点播行距为50~60厘米。撒播用种量增加2~3倍,均匀撒籽后覆土深1~2厘米。育苗移栽在春节前后搭温床播种,苗高10厘米左右移栽,栽前浇透水,充分浸湿土壤,带土挖苗,行距为40~50厘米,每隔10~15厘米栽1棵,栽后浇水。育苗移栽比直播延长生育期15~20天,增产率可达30%。

(3)田间管理:苗高4~6厘米时,及时中耕除草。每次收割后要中耕并追肥,每公顷追施硝酸铵150~225千克或硫酸铵225~300千克,同时还要浇水。遇干旱或生长缓慢、叶色黄淡时,要及时追肥和浇水。苦荬菜病虫害较少,有时有蚜虫危害,可用40%乐果乳油1000倍液喷杀。

4. 营养成分与利用方法　苦荬菜叶量大,茎叶柔嫩多汁,适口性较好,蛋白质含量高,还含有较多的胡萝卜素、核黄素、维生素C等,是畜禽的优质青饲料。苦荬菜营养期干物质中含粗蛋白质21.72%、粗脂肪4.73%、粗纤维18.03%、无氮浸出物36.93%。苦荬菜的鲜茎叶中所含的白色汁液能促进畜、禽食欲,帮助消化,祛火防病。

苦荬菜适于放牧,也可刈割。放牧以叶丛期或分枝之前为最好,刈割饲喂以现蕾之前最为适宜。苦荬菜株高达30~40厘米时,即可开始刈割,留茬高度为5~6厘米,每隔20~25天收割一次,每年收割4~6次,每公顷年产鲜草达75~105吨。每公顷苦荬菜可养鹅1050~1200只,鹅体重在3~4个月内可达4千克以上,纯效益达到12000~15000元,是种植粮食作物的5倍以上。

(三)籽粒苋

1. 分布　又名西黏谷、千穗谷、洋苋菜、猪苋菜和红苋菜等,是一种营养好、产量高、适应性广的饲料作物。原产于中美洲和南美洲,现已广泛传播于热带、温带和亚热带地区。籽粒苋在我国有着广泛的栽培地域,南北方均有种植,其中以华中、华南、华北为最多。因各地环境条件不同,籽粒苋形成了很多地方品种,大致有绿苋与红苋两种类型。

2. 生物学特性　籽粒苋属苋科、苋属,为一年生草本植物。株高为2.5~3.2米,根系发达,主要分布于地表30厘米土层中。茎直立,光滑、圆形、实心;浅绿色或红色,具沟棱,质地脆嫩,主茎粗2~3厘米,上有25~35个分枝。叶互生,全缘,卵状椭圆形或披针形,先端尖,绿色、紫红色或彩色。叶片正面平滑,背面叶脉突出。叶柄与叶片几乎等长。花小,单性,雌、雄同株。胞果卵形,盖裂。种子细小,圆形,黄白色、红黑色或黑色,有光泽,千粒重0.6克左右。出苗40天后即进入快速生长期,种后2.5~3个月结籽。籽粒苋喜温暖湿润气候,耐高温,日平均温度10℃以上才能出苗,植株在较高气温下生长迅速,且品质好。不耐寒,幼苗遇0℃低温即受冻害,成株遭霜冻后很快枯死。为短日照作物,对土壤要求不严,但土质越肥,产量越高。较耐盐碱,抗病、虫能力强。

3. 栽培技术

(1)播种前的准备：籽粒苋种子细小，播种前要精细整地，进行深耕使土壤耕作层疏松，打碎土块以免影响出苗。每公顷施有机肥45吨作为基肥。

(2)播种：籽粒苋在南方适宜播种期长，从3月下旬至1月上旬均可播种，北方在4～7月份播种，以早播的产量高。通常采用条播和撒播，每公顷用种量约3千克。条播行距25～35厘米。播种后以细土覆盖，厚度约1厘米，过深影响出苗，然后踩实。播种后5～7天出苗。还可育苗移栽，苗高15厘米左右即可带土移栽。

(3)田间管理：苗期必须除草以防杂草危害，还要及时间苗、定苗。苗齐后中耕1次，松土除草，然后每公顷施硫酸铵60～75千克，草木灰375～450千克。长出3片叶时进行第二次除草。苗高8厘米开始间苗，10～15厘米后定苗，保证株距10～15厘米。株高30～40厘米时，应注意灌溉。株高1～1.5米时要培土。籽粒苋喜水肥，出苗20天后应追施氮肥1次，每次刈割后每公顷施尿素75千克。如以收籽粒为目的，可打侧枝以保主穗籽粒饱满，或割顶穗以保侧枝穗的籽粒饱满。

4. 营养成分与利用方法　籽粒苋茎、叶柔软，适口性好，营养成分含量高，是优良青绿饲料。孕蕾期干物质中含粗蛋白质23.7%、粗脂肪4.7%、粗纤维11.7%、无氮浸出物42.3%、粗灰分17.6%。当株高达100厘米以上时，即可进行刈割，留茬30～50厘米。一般经30～40天后，可进行第二茬刈割。南方可刈割3～5茬，每公顷可产鲜草150～225吨；在北方，1年可刈割2茬。籽粒苋可青饲、青贮或晒制干粉。养鹅时，青饲料用量随鹅的周龄不同而变化，1～10周龄内，精、青料比逐渐增加，由1∶1增加至1∶4；而10～13周龄内，再由1∶4逐渐降至1∶1.5。每公顷籽粒苋可供应1500～1800只鹅青饲料，增收节支2000元左右。籽粒苋与其他饲料配合使用时，豆饼要占20%。

籽粒苋每公顷可产种子1500~2250千克,其籽实营养价值高,赖氨酸含量比小麦、大麦和玉米高1倍多。

四、干草粉和草颗粒的调制加工

牧草和饲料作物生产具有很强的季节性。春季至秋季为牧草和饲料作物的生长旺季,而冬季和早春则为缺青季节。在我国南方,牧草或饲料作物即使能以绿色茎叶越冬,冬季也处于生长停滞状态,无法大量供应新鲜的饲草。北方因冬季气温寒冷,枯草季长达4~6个月。因此,在牧草和饲料作物生长旺季有计划地进行牧草和饲料作物的加工调制,生产优质的干草粉和草颗粒,是确保冬春缺青季节牧草的有效供应,保证养鹅,尤其是种鹅生产稳定和持续发展、降低生产成本的重要措施。

(一)干草调制技术

适宜调制干草的牧草和饲料作物较多,如黑麦草、苏丹草等禾本科牧草和紫花苜蓿、红三叶等豆科牧草。干草是将牧草及适宜的饲料作物在产量高、品质优的时期刈割,经自然或人工调制成水分含量低于15%、能长期贮存的干燥饲草。优质干草颜色青绿,叶量丰富,质地较柔软,气味芳香,并含有较多的蛋白质、维生素和矿物质。

干草调制过程中,影响干草品质的因素很多。除了牧草种类及品种的差异外,最重要的是牧草的收割时期、干燥方法与时间的长短、外界条件及贮藏条件和技术等。为减少干草营养物质的损失,牧草刈割后,其关键是使牧草迅速脱水,减少植物代谢的营养消耗;并防止雨淋,减少植物细胞内营养物质的淋渗损失。

牧草干燥方法很多,一般可分为自然干燥法和人工干燥法两大类(图4-1)。

第四章 种草养鹅技术

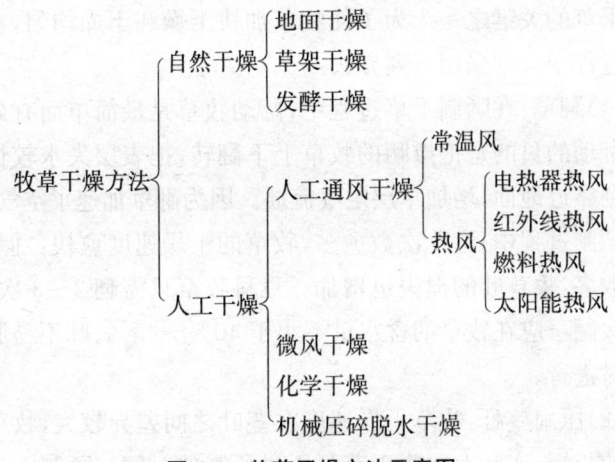

图 4-1　牧草干燥方法示意图

1. 自然干燥法　自然晾晒是目前生产实践中应用最广的方法,其中最常见的为地面晾晒。

地面晒制干草就是在晴好天将牧草或饲料作物刈割后直接在田间或运送到空旷的场地晾晒,一般连续晾晒 2~3 天即可达到干燥的要求。如果牧草刈割期正值雨季,并且在露水很大的情况下,要特别注意加速牧草的干燥过程,避免雨、露的淋湿。可将收割的青草薄薄地平铺在地面上晾晒 6~7 小时,使之凋萎,在水分含量 40%~50% 时,将草搂成草垄,继续干燥 4~5 小时,然后将草集成松散或中空的草堆,再经 1.5~2 天干燥即可调制成合格的干草。晒制过程中,为了保存营养价值较高的叶片,搂草和集草应在叶片尚未脱落前进行。牧草在干燥之前形成草堆,不仅可防止雨淋,而且可以减少日光的光化学作用所造成的营养物质损失。草堆的形状以圆顶的高圆柱形为最好,这样既可以减少与地面接触的面积,又可预防雨水浸入堆内。草堆的大小以 200~250 千克为宜。

干草的调制过程,也是牧草营养物质损失的过程。加速干草调制过程,减少牧草干燥所用的时间,是降低营养物质损失、生产

优质干草的关键之一。为了使牧草加快干燥和干燥均匀,在干草调制过程中常常采用下列方法:

(1)翻草:在晒制干草过程中,翻动牧草是最简单而有效的技术。翻动的目的是把摊晒的牧草上下翻转,把表层失水较快的草转移到靠近地面,增加草层空气流通。因为翻草加速了空气流通,所以晒制过程中,翻草次数愈多,牧草的干燥速度愈快。但是,翻晒次数多,牧草叶的损失也增加。豆科牧草只需翻2~3次,且最后一次翻草应在牧草的含水量不小于40%~45%、叶不易脱落和折断时进行。

(2)压扁茎秆:牧草干燥速度在茎叶之间差异较大,牧草干燥耗时的长短,实际上取决于茎秆干燥所需的时间。晒制干草过程中,豆科牧草和有些杂类草的叶含水量降到15%~20%时,茎的水分含量还高达35%~40%。所以,加快茎的干燥速度,就能加快牧草的整个干燥过程。

使用牧草压扁机压裂植物茎,破坏茎的角质层膜和表皮,并破坏维管束使它暴露于空气中,水分的蒸发速度便大为加快,茎的干燥速度便大致能跟上叶的干燥速度。这样不仅能缩短牧草的干燥时间,而且能使植物各部分干燥均匀。

(3)喷洒干燥剂:近年来,国内外广泛研究利用化学制剂来加速豆科牧草的干燥。其原理是这些化学制剂能破坏牧草体表面的蜡质层结构,促使植物体内的水分蒸发,加快干燥速度。目前,国外应用较多的有碳酸钾、碳酸钾加长链脂肪酸的混合液、长链脂肪酸甲基酯的乳化液加碳酸钾等制剂。

具体使用方法为:在牧草收割前或收割时向牧草喷洒干燥剂。许多试验证明,干燥剂使用效果受气候条件和牧草含水量等因素的影响。一般气候条件越好,干燥剂的效果就越好;牧草含水量较高时,干燥剂的作用效果要比低含水量时好。

草架干燥也是加速干燥的方法之一。尤其在多雨地区或梅雨季节,将刈割的牧草用草架晒制,加速了通风,可以加快干草的调制进程。一般把割下的草先晾晒 1 天,使其凋萎,含水量达到 50%左右。然后自下而上堆放在用竹或树枝搭成的支架上晾晒。架上堆放成圆锥形或屋脊形,堆得蓬松些,厚度不超过 70~80 厘米,离地面 30 厘米左右,堆中留有通道,以利空气流通。草架干燥法虽然需用一部分设备费用或较多的人工,但草架通风好,牧草干燥速度快,调制的干草质量也较好。

2. 人工干燥法 在自然条件下调制干草,营养物质损失常达 30%~50%,胡萝卜素损失高达 90%左右。若采用人工干燥,则可以避免大部分营养物质的损失,营养物质损失率仅为 5%~10%,胡萝卜素的损失一般不超过 10%。目前,常用的人工干燥法有牧草常温鼓风干燥法和高温快速干燥法。

(1)常温鼓风干燥法:把刈割后的牧草在田间干燥到含水量 50%左右时,装在设有通风道的干燥棚内,用鼓风机或电风扇等吹风装置,进行常温吹风干燥。这种方法制备的干草品质较好(表 4-1)。

表 4-1　不同干燥方法的干草化学成分

成分	青绿牧草	干草调制方式	
		干草棚常温鼓风	野外地面晒制
粗蛋质(占干物质%)	12.57	1.27	7.97
纤维素(占干物质%)	28.16	30.08	34.97
胡萝卜素(毫克/千克干物质)	14.10	8.30	6.68

(2)高温快速干燥法:牧草收割后切碎,置于牧草烘干机中,通过高温空气,使牧草的含水量由 80%左右迅速下降到 15%以下。干燥时间的长短,由烘干机的型号决定,从几十秒到几十分钟不

等。一般在快速干燥后,紧接着将干草粉碎,制成干草粉或制成草颗粒饲料。有的烘干机(低温)入口温度为 75～260℃,出口为 25～160℃;有的(高温)入口为 400～600℃,出口为 60～140℃。虽然烘干机中温度很高,但由于牧草在高温筒内的时间很短,牧草的温度很少超过 30～35℃。这种干燥方法使新鲜牧草在瞬时失水。虽然烘干过程中蛋白质、氨基酸及维生素 C 等也受到一定程度的破坏,且调制成的饲草缺乏维生素 D,但总体上养分损失很少。

人工高温快速干燥的主要设备为牧草干燥机。牧草在干燥设备的内部受到高温干燥介质的作用,水分蒸发,达到其干燥要求。目前,饲草高温干燥采用较多的为连续作业气流滚筒式高温干燥机。

气流滚筒式干燥机的基本部件为一旋转的干燥滚筒,滚筒的结构有直流式和回转式。直流式干燥滚筒就是一个旋转着的单一圆筒。牧草由滚筒一端进入,单一行程地通过滚筒,由另一端排出。回转式干燥滚筒由 2 个或 3 个不同直径相互套在一起的圆筒组成。牧草通过滚筒时,经过 2 个或 3 个行程排出。生产中以三流程滚筒式干燥机应用最多。三流程滚筒式干燥机比直流式单一流程滚筒式干燥机水分蒸发量大,效率高,蒸发单位重量水分所需时间短,而且设备占地面积小,建筑费用低。

三流程气流滚筒式高温干燥机组的工作原理为:将切成 10～30 毫米长的牧草或青绿作物碎段用输送器送入干燥滚筒,在滚筒内和干燥介质接触,并且一起通过滚筒的内圆筒和各筒之间的环形空间。在与干燥介质接触的过程中,完成热量交换和牧草水分蒸发。干燥介质进入滚筒内圆筒的温度为 500～600℃,到达外圆筒时,温度降到 150～130℃,由滚筒排出的废干燥介质温度在 100～120℃。通常,叶的干燥时间在 0.5～2 分钟,茎秆为 5～25 分钟。

(二)草粉和草颗粒的加工

1. 草粉生产流程　草粉是指适时刈割的牧草经快速干燥、粉碎而成的青绿色草粉。目前,许多国家已把青绿草粉作为重要的蛋白质和维生素饲料资源。草粉加工业已逐渐形成一种产业,叫做青饲料脱水工业。即把优质牧草经脱水干燥之后粉碎成草粉,或再加工成草颗粒,或压制成草块、草饼等。

生产草粉应力求减少营养物质的损失和降低成本。要获得优质草粉,不仅取决于原料的营养成分,而且需要一套健全、并能在生产中付诸实施的规范化工艺流程。

调制干草粉的原料主要是豆科牧草及禾本科牧草。调制干草粉的牧草要适时刈割,最好采用人工干燥方法干燥。若采用自然干燥法,应尽量缩短干燥时间。牧草干燥后用粉碎机加工成粉状。加工干草粉时,要挑出霉烂的干草、毒草及杂质,以保证干草粉的品质。

(1)自然干燥过程及生产流程:牧草刈割后就地干燥,当含水量达到20%左右时,可打成捆或直接运回加工厂粉碎加工。加工流程为:

刈割 → 捡拾打捆或集成草堆 → 运至工厂 → 粉碎

(2)混合脱水干燥过程及工艺流程:牧草刈割后,为了节省能源,部分利用太阳能在田间晾晒若干小时,当含水量降至40%~50%时,集垛后运至牧草加工厂,切碎烘干后加工成草粉。其流程为:

刈割 → 集垛 → 半干运至工厂 → 切碎 → 烘干 → 粉碎

(3)人工脱水干燥过程及工艺流程:牧草刈害后直接运至牧草加工厂,烘干后加工成草粉,不经过田间的干燥过程。其流程为:

青草收获 → 运至工厂 → 烘干 → 粉碎

(4)草粉的压块或制粒工艺流程:为避免胡萝卜素和其他营养成分过多损失,并降低贮运费用,商品草粉多制为颗粒料,亦可在优质草粉中加入少量精饲料、添加剂及调味剂等成分,压制成混合饲料颗粒。其流程为:

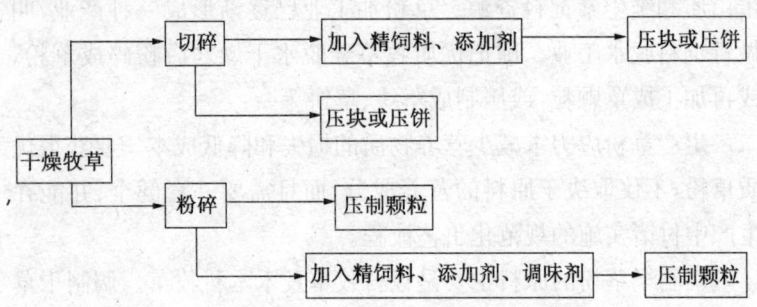

目前,我国除引进一些大型烘干机外,也研制了一些简易、耗能低的烘干机,同样能加工出优质干草粉。

2. 草粉的贮藏 草粉属粉碎性饲料,颗粒较小,表面积与体积之比大,与外界接触面积大。因此,在贮运过程中,一方面营养物质易于氧化分解而造成损失;另一方面草粉吸湿性比其他饲料大得多,贮运过程中容易吸潮结块,微生物及害虫又易乘机侵入和繁殖,严重者导致发热变质甚至变味、变色,丧失饲用价值。因此,贮藏优质青草粉必须采取适当的技术措施,尽量减少蛋白质及维生素等营养物质的损失。

(1)低温密闭贮藏:草粉营养价值的重要指标是维生素和蛋白质含量。因此,贮藏草粉期间的主要任务是如何创造条件,保持这些生物活性物质的稳定性,减少分解破坏。许多试验和生产实践证明,只有低温密闭的条件下,才能最大限度地减少青草粉中维生素、蛋白质等营养物质的损失。

(2)干燥低温贮藏:青草粉安全贮藏的含水量在13%~14%

时,要求温度在15℃以下;含水量在15%左右时,相应的温度为10℃以下。碎干草的安全贮藏含水量为15%~17%。

(3)密闭容器内贮藏:将青草粉置于密闭容器内,借助气体发生器和供气管道系统,把容器内的空气改变为下列成:氮气85%~89%,二氧化碳10%~12%,氧气1%~3%。在这种条件下贮藏青草粉,可大大减少营养物质的损失。

(三)干草和干草粉的品质鉴定

1. 干草品质鉴定　正确地鉴定干草的品质,是加工优质干草粉和草颗粒的先决条件。优良干草的特点为草色青绿,叶量丰富,质地较柔软,气味芳香,并具有较丰富的营养物质和较高的消化率。许多国家都已制订出干草品质评定标准。生产实践中,通常根据干草的外观特征来感官评定干草的饲用价值。

(1)刈割时期:适时刈割的青干草一般颜色较青绿,气味芳香,叶量丰富,茎秆质地柔软,营养成分含量高,消化率高。

(2)颜色:优质青干草颜色较绿,绿色越深,其营养物质损失就越少,所含的可溶性营养物质、胡萝卜素及其他维生素也就越多。

(3)植物学组成:对天然草地干草的营养价值来说,植物学组成具有决定性意义。而对人工栽培的饲草营养价值来说,主要是看杂草在整个草群中所占的比重,杂草数量越多,其营养价值就越低。

(4)含水量:青干草的含水量一般为15%~18%。

(5)叶量:青干草中叶量的多少,是确定干草品质的重要指标。叶量越多,营养价值越高。一般禾本科干草叶片不易脱落,而优良豆科干草的叶易脱落。对豆科牧草来说,叶重量应占干草总重量的30%~40%。

(6)气味:优良青干草一般都具有较浓郁的芳香味。

(7)病虫害：凡是经病虫感染过的牧草调制成的干草，不仅营养价值低，而且有损于家畜的健康，所以干草中应尽量不含有病虫害感染的植物。

2. 干草粉品质等级和利用

(1)干草粉的质量标准：干草粉作为一种商品，要有一定的质量标准。标准主要规定了粗蛋白质、纤维素、灰分和维生素等含量。我国现阶段有苜蓿草粉、三叶草草粉的质量标准，按粗蛋白质、粗纤维、粗灰分含量不同，分为三级(表4-2)。

表4-2 我国苜蓿草粉质量标准(%)

营养成分	一级	二级	三级
粗蛋质	≥18.0	≥16.0	≥14.0
粗纤维	<25.0	<27.5	<30.0
粗灰分	<12.5	<12.5	<12.5

(2)干草粉的利用：干草粉是鹅，尤其是种鹅冬季饲养期间的重要饲料。由于适时收割的苜蓿、三叶草等制成的干草粉，粗蛋白质含量均在20%以上，氨基酸可完整保留，胡萝卜素每千克含量大于200毫克，纤维素含量在20%以下，营养价值高，消化率高，可替代部分精饲料使用。

在家禽日粮中加入5%～10%的干草粉，对提高产蛋率有促进作用，而且可以节省精料用量，减少维生素添加剂的花费。试验表明，苜蓿干草粉中含有未知促生长因子，少量加入禽畜日粮中，效果很好。禾本科草粉的喂用效果稍差一些，最好与适量精饲料混合，制成颗粒饲料后喂鹅。

第五章　鹅的饲养管理

一、雏鹅的饲养管理

雏鹅是指孵化出壳后至4周龄的小鹅。这一饲养阶段称为育雏期,该阶段的成活率称为育雏率。雏鹅的培育是养鹅生产中一个重要的基础环节,雏鹅培育的成功与否,直接影响着雏鹅的生长发育和成活率,继而影响育成鹅的生长发育和生产性能,对以后种鹅的繁殖性能也有一定的影响。因此在养鹅生产中要重视雏鹅的培育工作,以培育出生长发育快、体质健壮、成活率高的雏鹅,为养鹅生产打下良好基础。

(一)雏鹅的生理特点

1. 体温调节机能较差。雏鹅在7日龄内体温较成鹅低3℃,在21日龄内调节体温的生理机能还不完善,必须予以保温育雏。

2. 生长发育快,新陈代谢旺盛。雏鹅生长速度快,21日龄的体重为初生重的10倍左右,1月龄为20倍。为保证雏鹅的快速生长,应保证充足的饮水和供料。

3. 消化能力弱。雏鹅消化道容积小,肌胃收缩力弱,消化腺功能差,故消化能力不强,必须饲喂营养好,易消化的饲料。

4. 雏鹅胆小,易扎堆。雏鹅胆小易惊,外界环境稍有变化,就会受到惊扰。在正常育雏温度条件下,仍有扎堆现象(但与低温情况下姿态不一样),低温情况下更为严重。所以在育雏期间应日夜照管,饲养密度要适当控制,防止雏鹅被压死、压伤或出现生长缓慢的"僵鹅"。

5. 公母鹅生长速度不同。在同样饲养管理条件下,公雏比母雏体重多5%~25%,饲料报酬也较高。公母分饲可提高成活率,提高饲料报酬,母雏也比混饲时体重重,所以育雏时应尽可能做到公母分饲,以提高饲养的经济效益。

6. 抗逆性差,易患病。雏鹅个体小,多方面机能尚未发育完善,故对外界环境变化适应能力较差,抗病力也较弱,加之育雏期饲养密度较高,更易感染得病,因此在日常管理和放水、放牧时要特别注意减少应激,做好卫生防疫工作。

(二)育雏前的准备工作

1. 育雏时期的选择　育雏时期要根据种蛋的来源,当地的气候条件,青绿饲料生长情况和农作物的收割季节,饲养者的技术水平,鹅舍与设施的条件,特别要考虑市场的供求状况等因素综合确定。传统养鹅一般都是春季进鹅苗,多在清明节前后。这时,正是种鹅产蛋的旺季,可以大量孵化;气候由冷转暖,育雏较为有利;百草萌发,可为雏鹅提供开食吃的青饲料。当雏鹅长到20日龄左右时,青饲料已普遍生长,质地幼嫩,能全天放牧。到50日龄左右,仔鹅进入育肥期,刚好大麦收割,接着是小麦收割,可以放麦茬育肥,到育肥结束时,恰好赶上我国传统节日端午节上市。华南地区多在春秋两季育雏。也有少数地方饲养夏鹅的,即在早稻收割前60天捉雏鹅,早稻收割时利用放稻茬田育肥,开春产蛋也能赶上春孵。饲养条件较好、育雏设施比较完善的大型种鹅场和商品鹅场,可根据生产计划和鹅舍的周转情况全年育雏。

2. 育雏场地、设施的准备、维修　接雏前要对育雏室进行全面检查,对有破损的墙壁和地板要修补,保证室内无"贼风"入侵,鼠洞要堵好;照明用线路、灯泡必须完好,灯泡个数及分布按每平方米3瓦的照度安排;安装检查供暖设备。育雏室地面最好为水泥地面,以便冲洗消毒。如为了节约成本,采用土质地面时,则要求地面土必须吸水性好,同时采用厚垫料式饲养。按雏鹅所需备好料盆、水盆。

3. 育雏室、育雏用具的消毒 育雏室内外在接雏前2～3天应进行彻底的清扫消毒。墙壁可20%的石灰浆刷新,阴沟用20%的漂白粉溶液消毒;地面和育雏用具如圈栏板、巢穴、食槽、水槽等皆可用3%的热烧碱液洗涤、浸泡,然后再用清水冲洗干净,防止腐蚀雏鹅黏膜。整个育雏室最好用福尔马林进行一次熏蒸消毒。圈栏垫铺或巢穴的褥草应用干燥、松软、清洁、无霉烂的稻草或其他秸秆、木屑、刨花等。盖巢穴的棉絮、草棵或麻袋,使用前须用阳光暴晒1～2天。育雏室出入处应设有消毒池,供进入育雏舍人员随时进行消毒。

4. 饲料与药品的准备 要保证雏鹅一进入育雏舍就能吃到易消化、营养全面的饲料,并保持整个育雏期饲料的稳定。传统的雏鹅饲料,一般多用小米和碎米,经过浸泡或稍蒸煮后喂给。为使爽口、不粘嘴,最好将蒸煮过的小米和碎米用水淘过以后再喂。这种饲料比较单一,最好是从一开始就喂配合饲料。喂配合饲料时,应注意饲料的适口性,不能粘嘴,若有条件制成颗粒饲料,饲喂效果更好。1～2周雏鹅的饲料也常用鸡花料替代。一般每只雏鹅4周龄育雏期需备精料3千克左右,优质青绿饲料8～10千克。同时要准备雏鹅常用的一些药品,如多维、土霉素、恩诺沙星、庆大霉素等。如种鹅未免疫,还要准备小鹅瘟疫苗或抗血清、小鹅瘟高免卵黄抗体等。

5. 预温 雏鹅舍的温度应达到15～18℃以上,才能进鹅苗。地面或炕上育雏的,应铺上一层10厘米厚的清洁干燥的垫草,然后开始供暖。通常在进雏前12～24小时开始给育雏舍供热预温,使用地下烟道供热的则要提前2～3天开始预温。温度表应悬挂在高于雏鹅生活的地方5～8厘米处。并观测昼夜温度变化。

(三)育雏方式的选择

1. 雏鹅的保温方式　雏鹅的保温方式一般分为给温育雏和自温育雏两种。

(1)给温育雏:给温育雏常用的有保温伞、红外线灯、煤炉、暖风炉等给温形式。这种方式虽然消耗一定的能源,但育雏效果好,育雏数量大,劳动效率高。

①伞形育雏器:伞口面积1.7～2.5平方米,每个保温伞下可饲养雏鹅100只左右。伞内热源可采用电热丝、电热板或红外线灯等。伞内一般安装自动控温装置,使用管理方便。伞离地面的高度一般为10厘米左右,雏鹅可自由选择其适合的温度,但随着雏鹅日龄的增长,应调整高度。此种育雏方式耗电多,成本较高,无电或供电不正常的地方不能使用。电热伞的优点是温度稳定而容易调节,管理方便,室内清洁;缺点是育雏伞余热少,需要设火炉或暖风炉、暖气等提高室温,地面上也要铺垫料。

②红外线灯育雏:直接在地面或网的上方吊红外线灯,利用红外线灯散发的热量进行育雏。红外线灯的规格小的200瓦,大的250～1000瓦,育雏时常用250瓦,上设灯罩聚热,悬挂高度离地面0.5～1米,室温低时可降至33～35厘米,每个灯下可饲养雏鹅100只左右。也可隔成小区,每小区3～5平方米提供一个红外线灯。此法简便,可随着雏鹅的日龄调整红外线灯的高度。

③地下烟道火炕式育雏:炕面与地面平行或稍高,另设烧火间。此法室内无煤气,结构简单,成本低。由于炕面不同部位的温度不同,雏鹅可根据其需要进行自由选择。用烧火的大小和时间

的长短来控制炕面温度,育雏效果较好。育雏舍内炕面干燥,温度均匀平稳,有利于雏鹅卵黄的吸收,雏鹅发病率低,成活率可达90%以上,特别是对于20日龄的雏鹅效果最显著。此法结构简单,造价低,适合于小规模饲养。

④地上烟道式育雏:由火炉和烟道组成,火炉设在室外,烟道通过育雏室内,利用烟道散发的热量来提高育雏室内的温度。地上烟道式育雏保温性能良好,育雏量大,育雏效果好,适合于专业饲养场使用。在使用时,随时应防止烟道漏烟,地面上铺垫草。

⑤室内煤炉育雏:在育雏舍内安装煤炉。煤炉可用铁皮制成或用烤火炉改进而成,炉上设有铁皮制成的伞形罩或平面盖,并留有出气孔,以便接上通风管道,管道接至舍外以排出煤烟。煤炉下部有一进气孔,并用铁皮制成调节板,以调节进气量和炉温。若采用市售小型烤火炉,每只火炉可供温育雏舍面积15平方米左右。煤火炉供温育雏的优点是经济实用,成本低,保温性能较稳定;缺点是调温不便,升温慢,且要防止管道漏烟而发生一氧化碳中毒。

(2)自温育雏:在长江中下游地区适合采用此法饲养雏鹅,育雏数量较少。其方法是将雏鹅放在箩筐内,利用自身散发出的热量来保持育雏温度,箩筐内铺以垫草,通常室温在15℃以上时,可将15日龄的雏鹅白天放在柔软的垫草上,用30厘米高的竹围围成直径1米左右的小栏,每栏养20~30只。晚上则放在育雏箩筐内。若室温低于15℃时,除每日定时喂饲外,白天、晚上均放在育雏箩筐内,可在垫草中埋入热水高温瓶,利用热水瓶散发的热量供温。5日龄以后,根据气温的变化情况,逐渐减少雏鹅在育雏箩筐内的时间,7~10天以后,应让雏鹅就近放牧采食青草,逐渐延长放牧的时间。在育雏期间注意保持筐内垫草的干燥。

2. 育雏方式

(1)地面平养育雏:鹅舍最好为水泥地面,地面铺上3~5厘米厚的垫草,将雏鹅饲养在垫草上或者是在地势高燥的地方饲养。

这种饲养方式适合鹅的生活习性,可增加雏鹅的运动量,减少雏鹅啄羽的发生。但这种饲养方式需要大量的垫料,并且容易引起舍内潮湿,因此一定要保持舍内通风良好,对潮湿的垫料应及时更换。3~5天后,应逐渐增加雏鹅在舍外的活动时间,以保持舍内垫草的干燥。

(2)网上平养育雏:将雏鹅饲养在离地50~60厘米高的铁丝网或竹板网上(网眼1.25厘米×1.25厘米)。此种饲养方式的优点是雏鹅的成活率较高,在同等热源的情况下,网上温度可比地面温度高6~8℃,而且温度均匀,适宜于雏鹅生长,又可防止雏鹅扎堆、踩伤、压死等现象;同时减少了雏鹅与粪便接触的机会,减少了球虫病等疾病的发生,从而提高了成活率。网上饲养的密度可高于地面饲养。

(3)地面平养和网上平养结合:将5~7日龄内的鹅采用网上平养,以后转入地面平养,这种方式,既能满足幼龄雏鹅对温度的要求,提高成活率,又可避免因长时间网上饲养引起雏鹅啄羽等不良现象。

(4)笼养:可利用鸡的育雏多层笼设备,或自制(材料同网上平养)2~3层育雏笼。由于立体式饲养,可提高单位面积的饲养量。有条件的可采用全阶梯式或半阶梯式笼养,粪便直接落地,可提高饲养效率,值得推广。

(四)雏鹅的选择与接运

1. 初生雏鹅的选择　挑选优质健康的雏鹅,剔除病、弱雏,是提高育雏率、培育出优良种鹅的关键一环。因种蛋的品质有好有坏,初生雏就必然有强有弱。可通过查系谱、查出壳时间和体重、查外表形态的办法来鉴别雏鹅的强弱优劣,准确地挑选出健雏。

(1)查系谱:鹅的品种很多,生产性能各异,必须根据房舍设备、饲料及当地气候条件等选养适宜的品种，并查明初生雏的系谱。所挑选的初生雏应是来源于种群健康、性能可靠、配套合理的商品杂交鹅或种鹅。

(2)查出壳时间和体重：雏鹅的出壳时间不一，有先有后，一般以 31 天出壳的雏鹅较好，而晚出壳的雏鹅发育不好，体质软弱，卵黄吸收不好，大肚子，毛焦，脐带愈合不好，尤其是最后出壳的"扫摊鹅"更是先天不足，疾病多，不易成活。蛋鹅初生雏的体重一般在 100~120 克，因品种而略有差异。

(3)查外表形态：其方法是"一看、二听、三摸"。

一看：就是看雏鹅的精神状态。即用肉眼观察雏鹅的动态，羽毛整洁程度、喙、腿、蹼、眼等有无异常，肛门有无粪便粘连，脐孔愈合是否良好等，来区分健、弱雏。健雏一般活泼好动，眼大有神，腿干结实，反应快；羽毛整洁，长短适合，色素鲜浓；体态匀称，大小均匀；脐孔闭合正常，腹部柔软，卵黄吸收良好。弱雏则眼小无神或缩头闭眼，不爱活动或呆立不动，甚至站立不稳，反应迟钝；羽毛蓬乱无光泽、不清洁，腹部松弛；脐孔愈合不良、带血、痴呆、闭目、站立不稳，反应迟钝。

二听：就是听雏鹅的叫声。健雏叫声响亮；弱雏叫声微弱或鸣叫不休，喘气困难。

三摸：就是摸雏鹅的膘情和体温等。将雏鹅握于手中，触摸其膘情、骨架发育状态、腹部大小及松软程度，体会卵黄是否吸收良好及雏鹅活力大小等。健雏体重适宜，手感温暖、有膘、饱满，体态匀称，有弹性，挣扎有力，腹部柔软、大小适中，脐部愈合良好、干燥、有绒毛覆盖；弱雏体轻，手感身凉、无膘、松软，挣扎无力，腹部膨大，脐部愈合不良，脐孔大，有黏液和血迹或卵黄附着，无绒毛覆盖。

2. 幼雏的接运　雏鹅的接运是一项技术要求高的细致性工作。随着养鹅商品化生产的发展，雏鹅长途运输频繁发生。对于孵化厂和养鹅户来说，都要掌握运雏技术，做到及时、卫生，安全地完成运雏工作;否则,稍有不慎就会给养鹅户或鹅场带来经济损失。

接雏人员要求有较强的责任心,具备一定的专业知识和运雏经验。接雏时应剔除体弱、畸形、伤残的不合格雏鹅,并核实雏鹅数量,请供方提交有关资料。如果孵化厂有专门的送雏车,养鹅户应尽量使用,因为孵化厂的车辆发送初生雏,相对符合疫病预防和雏鹅质量控制的要求。如果孵化厂没有运雏专车,养鹅户应自备。自备车辆时,要达到保温、通风的要求,适于雏鹅运输。接雏车使用前应冲洗消毒干净,符合卫生防疫标准要求。装雏工具一般选用圆形的竹筐装运雏鹅,每筐以装60~80只雏鹅来确定其尺寸,也可用纸、木、塑料制成的专用运雏箱子。箱长为80厘米、宽为45厘米、高18厘米,箱的四周和壁上均有通气孔,底垫纸屑,每箱可容60~80只雏鹅。不可使用有农药或残存粉末的箱子,以免中毒或诱发呼吸道疾病。夏季运雏要带遮阳防雨用具,冬春运雏要带棉被、毛毯等。

从保证雏鹅的健康和正常生长发育考虑,适宜的运雏时间应在雏鹅绒毛干燥后,至出壳48小时(最好不超过36小时)前进行。冬天和早春应选择在中午前后气温相对较高的时间启运;夏季运雏最好安排在早、晚进行。

在运雏途中,一是要注意行车的平稳,启动和停车时速度要缓慢,上下坡宜慢行,以免雏鹅挤到一起而受伤;路面不平时宜缓行,减少颠簸震动。二是掌握好保温与通气的关系。运雏中保温与通气是一对矛盾,只保温不通气,会使雏鹅发闷、缺氧,严重时会导致窒息死亡;反之,只注重通气,而忽视保温,易使雏鹅着凉感冒。运雏箱内的适宜温度为24~28℃。在运输途中,要经常检查,观察雏鹅的动态。若雏鹅张口呼吸,说明温度高了,可上下前后调整运雏箱,若仍不能解决问题,可适当打开通风孔,降低车厢温度;若雏鹅不断发出叫声,说明温度偏低,应打开空调升温或加盖床单甚至棉被,但不可盖得太严。在检查时若是发现雏鹅扎堆,就要用手轻轻地把雏鹅堆推散。

雏鹅箱卸下时应做到快、轻、稳,雏鹅进舍后应按体质强弱分群饲养。冬季舍内外温差太大时,雏鹅接回后应在舍内放置30分钟后再分群饲养,使其适应舍内温度。

(五)育雏期饲养管理

1. 饮水　雏鹅出壳或运回后,应及时分配到育雏室休息。当70%的雏鹅有啄草或啄手指等觅食现象,首先予以第一次饮水,这是雏鹅饲养的关键。传统饲养称为"潮口"或"点水",主要是补充水分,以防休克,同时促进食欲。凡经运输引进的雏鹅,开饮时应先让雏鹅饮用5%～8%葡萄糖水,收效良好。饮完后则改用清洁温水,必要时饮0.05%高锰酸钾水,且不可中断饮水供应。

饮水器内水的深度以3厘米为宜。随着雏鹅的长大,在放牧时可放入浅水塘活动(以浸没颈部为准),但必须在气温较高时进行,时间要短,路程要近。随着年龄增长,可以延长路线与放水时间。过迟开始饮水,不仅会脱水,造成死亡,也影响活重和生长发育,俗称"老口",较难饲养。饮水器或水槽要尽量靠近光源、保温伞等。其高度随雏鹅日龄增长而调整,使饮水器的边缘高于鹅背。雏鹅所需饮水器数量可以按表5-1所列数值推算。保持饮水终日不断。

表5-1　大、中、小型鹅的雏鹅水(食)盘规格

日龄	盆直径(厘米)		盆高(厘米)		竹条间距(厘米)		饲喂数(只)	
	大、中型	小型	大、中型	小型	大、中型	小型	大、中型	小型
1～10	17	15	5	5	2.5～3	3.0	13～15	14～16
11～20	24	22	7	7	3.5～4	3.5	13～15	13～14
21～40	30	28	6	9	4.5～5	4.5	12～14	13～14

2. 喂料

(1)开食:雏鹅第一次吃料,叫开食。开食时间以出壳后20～36小时为宜,一般可在第一次饮水后0.5～1.0小时喂食。适时开食可给雏鹅提供饲料营养以满足其快速生长的需要,还能刺激食欲,促进胎粪排出,有利于提高雏鹅成活率。每次添料应根据需要确定,尽量保持饲料新鲜,防止饲料发生霉变。随时清除散落的饲料和喂料系统中的垫料。饲料存放在通风、干燥的地方,不应饲喂超过保质期或发霉、变质和生虫的饲料。

可将饲料撒在浅食盘或塑料布上,让其啄食。如用颗粒料开食,应将粒料磨破,以便雏鹅采食。刚开始时,可将少量饲料撒在幼雏的身上,以引起其啄食的欲望;每隔2～3小时可人为驱赶雏鹅采食。由于雏鹅消化道容积小,喂料量应做到"少喂勤添"。随着雏鹅日龄的增长,可逐渐增加青绿饲料或青菜叶的喂量,可以单独饲喂,但应切成细丝状。

(2)饲粮配合:雏鹅的饲料包括精料、青料、矿物质、维生素、添加剂等。1～21日龄的雏鹅,饲粮中粗蛋白质水平为20%～22%,代谢能为11.30～11.72兆焦/千克;21日以后,蛋白质水平为18%,代谢能约为11.72兆焦/千克。刚出壳的雏鹅消化能力较弱,可喂给优质蛋白质含量高、容易消化的饲料。采用全价配合日粮饲喂雏鹅,饲料配方参见附录二,并根据所饲养鹅品种推荐的饲养标准拌入多种维生素添加剂。有条件的地方最好使用颗粒饲料(直径为2.5毫米),实践证明,颗粒饲料的适口性好,增重速度快,成活率高,饲喂效果好。随着雏鹅日龄的增加,逐渐减少补饲精料,增加优质青饲料的使用量,并逐渐延长放牧时间。雏鹅对脂肪的利用率差,饲料中不宜添加含脂肪多的动物性饲料。自4日龄起,雏鹅的饲料中应添加沙砾,添加量1%左右为宜,10日龄前沙砾直径1～1.5毫米,10日龄后沙砾直径2.5～3毫米合适。每周喂量4～5克,也可设沙槽,任其自由采食。放牧鹅可不喂沙砾。

(3)饲喂方法:1周龄内,一般每天喂料6～9次,约每3小时喂料1次;2周时,雏鹅的体力有所增强,一次采食量增大,可减少到每天喂料5～6次,其中夜里喂2次。喂料时可以把精料和青料分开,先喂精料后喂青料,则可防止雏鹅专挑青料吃,而少吃精料,满足雏鹅的营养需要。随着雏鹅放牧能力的加强,可适当减少饲喂次数。

在集约化饲养条件下,育雏期饲喂全价配合饲料时,一般都采用全天供料,自由采食的方法。

(4)传统饲养模式饲喂方案细则

1～3日龄:青饲料要剔除老叶、黄叶与烂叶,再除去粗叶脉与泥土,洗净后切成1～2毫米宽的细丝状。1日龄每千只日耗青料5千克,碎米2.5千克,每昼夜喂6次;3日龄时日耗青料12.5千克,碎米5千克。

4～10日龄:7日龄时每千只日耗青料37.5千克,碎米15千克;10日龄时日耗青料77.5千克,碎米21千克。青料宽度2～3毫米。日喂6～8次,其中夜间2～3次,有条件的可掺喂配合饲料或颗粒饲料。4日龄开始添喂沙砾,添加量为0.5%。

11～20日龄:精料由熟喂逐步过渡为生喂,生喂逐步转为少浸或不浸泡,也可饲喂配合饲料或颗粒饲料。青料宽度可增为3～5毫米,青料比例可增至80%～90%。日喂4次,夜喂2次。如天气暖和,可开始放牧,让雏鹅自由采食嫩青草。放牧前不喂料,青料加工不必过于细致。

21～30日龄:日粮中的精料可由米、小米等逐步变为"开口谷"(煮至外壳开裂的谷实),有条件的可用混合精料或颗粒饲料。青料宽度再增到5～10毫米,青料比例90%～92%。逐步延长放牧时间。日喂5次(夜间1次)。

3. 环境管理

(1)育雏温度

①自温育雏:在华南或华东农村地区,农民多采用雏鹅自温育雏法。在常温15℃以上,可将1~5日龄雏鹅放在围栏内或育雏容器内。直径1米的围栏,每栏可养100~120只。喂料时取出,喂完后放入保温。5日龄气温正常时,白天可放在小栏内或中栏内,晚间再变成小栏。至20日龄时,白天可改为大栏,晚上改为中栏。必须及时赶鹅起身,勿使扎堆。关键在于细心的饲养管理,防止受热过度。

②给温育雏:在集约化生产条件下,均需实行给温育雏,常见有红外线灯、保温伞、烟道等设备。雏鹅合适的育雏温度见表5-2。雏鹅在温度适宜时表现为分布均匀、安静、饮食、粪便、睡眠、活动正常,无扎堆现象。

表5-2　鹅的适宜育雏温度与湿度

日龄	温度(℃)	相对湿度(%)
1~5	27~28	60~65
6~10	25~26	60~65
11~15	22~24	65~70
16~20	20~22	65~70

育雏期满,要注意适时脱温。一般雏鹅的保温期为20~30日龄,适时脱温可以增强鹅的体质。过早脱温时,雏鹅容易受凉,而影响发育;保温太长,则雏鹅体质弱,抗病力差,容易得病。雏鹅在4~5日龄时,体温调节能力逐渐增强。因此,当外界气温高时,雏鹅在3~7日龄可以结合放牧与放水的活动,就可以开始逐步脱温。但在夜间,尤其在凌晨2~3点,气温较低,应注意适时加温,以免受凉。冷天在10~20日龄,可外出放牧活动。一般到20日龄左右时可以完全脱温,冬季育雏可在30日龄脱温。完全脱温时,要注意气温的变化,在脱温的头2~3天,若外界气温突然下

降,也要适当保温,待气温回升后再完全脱温。

(2)环境湿度:雏鹅对湿度的高低反应敏感,如湿度高、温度低、体热散发快而备感寒冷,诱发感冒与下痢;反之,若湿度高,温度也高,则体热散发受抑制,导致更加炎热,不仅食欲剧降,而且抵抗力减弱,发病率增加。因此,要加强饲养管理,注意适当通风,以控制过高的湿度。

(3)通风和光照:在保暖的同时,一定要保持鹅舍适宜的通风,但要防止贼风和过堂风。光照时间和光照强度要求如下:0～7日龄24小时;8～14日龄,18小时;15～21日龄,16小时;22日龄以后,自然光照,晚上人工补充光照(100平方米1只20瓦灯,灯泡高度2米)。

通风与温度、湿度三者之间应互相兼顾,在控制好温度的同时,调整好通风。舍内氨气的浓度保持在每立方米0.01毫升以下,二氧化碳保持在0.2%以下为宜。一般控制在人进入鹅舍时不觉得闷气,没有刺眼、鼻的臭味为宜。

阳光对雏鹅的健康影响较大,阳光能提高鹅的生活力,增进食欲,还能促进某些内分泌激素的形成及性激素和甲状腺素的分泌。禽体的7-脱氢胆固醇经紫外线照射变为维生素D_3,有助于钙、磷的正常代谢,维持骨骼的正常发育。如果天气比较好,雏鹅从5～10日龄可逐渐增加舍外活动时间,以便直接接触阳光,增强雏鹅的体质。

(4)饲养密度:饲养密度直接关系到雏鹅的活动、采食、空气新鲜度。从集约化观点要求密度适当,在通风许可的条件下,可提高密度。饲养密度过小,不符合经济要求,而饲养密度过大,则直接影响雏鹅生长发育与健康。实践证明,每平方米的容雏数要考虑到品种类型、日龄、用途、育雏设备、气温等条件。合理密度以每平方米饲养8～10只雏鹅为宜,每群以100～150只为宜。此外,由于种蛋、孵化技术等多种因素的影响,同期出壳的雏鹅强弱差异仍不小,以后又会因饲养等多种因素的影响造成强弱不均,必须定期按强弱、大小分群,并将病雏及时挑出隔离,对弱雏加强饲养管理;否则,强鹅欺负弱鹅,会引起挤死、压死、饿死弱雏的事故,生长发育的均匀度将越来越差。具体的饲养密度见表5-3。

表5-3 雏鹅的饲养密度

日 龄	饲养只数(只/米^2)
1～5	25
6～10	20～15
11～15	15～12
16～20以后	10～8

4. 雏鹅的放牧和游水 雏鹅要适时开始放牧游水,通过放牧,促进雏鹅新陈代谢,增强体质,提高适应性和抗病力。放牧游水的时间随气候季节而定,春末至秋初气温较高时,雏鹅出壳后一周就可开始放牧游水,冬季要10～20日龄左右开始。第一次放牧要选择风和日暖的晴天进行,先放牧,后游水。

放牧时间开始时每天不要超过1小时,分上、下午两次进行。上午第一次放鹅的时间要晚一些,以草上的露水干了以后放牧为好,下午收鹅的时间要早一些。如果露水末干就放牧,雏鹅的绒毛会被露水沾湿,尤其是腿部和腹下部的绒毛湿后不易干燥,早晨气温又偏低,易使鹅受凉,引起腹泻或感冒。

雏鹅放牧地,应选择地势平坦、青草幼嫩、水源较近的地方;放牧地宜近不宜远;最好不要在公路两旁和噪音较大的地方放牧,以免鹅群受惊吓。

阴雨天和大风天不要放牧;病、弱雏暂时不要放牧。放牧时赶鹅不要太急,禁止大声吆喝和追赶,以防止惊鹅和跑场。

放牧前喂饲少量饲料后,将雏鹅缓慢赶到附近的草地上活动,让其采食青草约半小时,然后赶到清洁的浅水池塘中,任其自由下水几分钟,游水后,将鹅赶回向阳避风的草地上,让其梳理羽毛,待毛干后赶回育雏室,对于没吃饱的雏鹅,要及时给予补饲。放牧时要观察鹅群动态,待大部分鹅吃饱后才让鹅群休息,并定时驱赶鹅群以免雏鹅睡熟着凉。鹅放牧中常用吃几个"饱"来表示采食状况,它是指鹅采食青草后,食道膨大部逐渐增大、突出,当发鼓发胀部位达到喉头下方时,即为一个"饱"。夏季放牧要避免雨淋和烈日暴晒,冬季要避免大风和下雪等恶劣的气候。

初次放牧以后,只要天气好,就要坚持每天放牧,并随日龄的增加而逐渐延长放牧时间,加大放牧距离,相应减少喂青料次数。到20日龄后,雏鹅已开始长大毛的毛管,即可全天放牧,只需夜晚补饲1次。

为了更好地进行雏鹅的放牧,应对鹅群进行合理的组织和调训。要使鹅听从指挥,必须从小训练,关键在于让鹅群熟悉指挥信号和"语言信号",选择好"头鹅"(带头的鹅)。如果用小红旗或彩棒作指挥信号,在雏鹅出壳时就应让其看到,以后在日常饲养管理中都用小红旗或彩棒来指挥。旗行鹅动,旗停鹅止,并与喂食、放牧、收牧、下水行为等逐步形成固定的"语言信号",形成条件反射。头鹅身上要涂上红色标志,便于寻找。放牧时只要综合运用指挥信号和"语言信号",充分发挥头鹅的作用,就能做到招之即来,挥之即去。放牧员要固定,不宜随便更换。

放牧鹅群的大小和组织结构直接影响着鹅群的生长发育和群体整齐度,放牧的雏鹅群以300~500只为宜,最多不要超过600只,由两位放牧员负责,前领后赶。同一鹅群的雏鹅,应该日龄相同,否则大的鹅跑得快,小的鹅走得慢,难于合群。鹅群太大不好控制,在小块放牧地上放牧常造成走在前面的鹅吃得饱,落在后面的鹅吃不饱,影响生长发育和均匀度。

5. 清洁卫生及防鼠灭蚊、蝇 必须按操作规程进行清洁工作,打扫场地、清除粪便、更换垫料,料槽与水槽要经常消毒。应消灭鼠害,减少对雏鹅的侵害与疫病传播。同样,也要搞好环境卫生,减少蚊、蝇对雏鹅的叮咬骚扰与疫病传播。除了装置钢板网门窗外,还需配置金属纱窗。晚间要有照明灯,每20平方米一盏20瓦灯泡即可。

6. 鹅群应激的预防　育雏舍内须保持环境安静,严禁粗暴操作。要防止噪音干扰、不正常的温度和湿度的影响。为此,在喂料、放牧等操作时要发出声音,使之建立条件反射,服从人的指挥。

7. 疾病的预防　在育雏期间应注意做好小鹅瘟、鹅流感、霉菌、鹅口疮、感冒、白痢、球虫等疾病的预防工作。

8. 育雏效果的检测　检测育雏效果的标准,主要是育雏率、雏鹅的生长发育(活重、羽毛生长发育)。要求雏鹅在育雏期末成活率在85%以上(按各品种、不同育雏方式、育种方案而定)。

活重是很重要的综合性技术指标,称重后应与各品种(品系、配套系)标准体重对照,要求均匀度也能在80%以上。如太湖鹅1月龄重应达1.25千克,皖西白鹅应达1.5千克,狮头鹅应达2千克。

羽毛生长情况,如太湖鹅1月龄时应达大翻白(即全身胎毛由黄翻白),浙东白鹅应达"三白"(即两肩和尾部脱换了胎毛),雁鹅应达"长大毛"(即尾羽开始生长)。

9. 转群及育成鹅选择　通常雏鹅30日龄脱温后要转群,转群时结合进行育成鹅的选留。按照各品种(品系或配套系)的育种指标,进行个体的选择、称重、戴上肩号。淘汰不合格者,作为商品鹅所用。留种者转入育成鹅(或仔鹅)群继续培育。

育成鹅选择是在出壳雏鹅选择群体的基础上进行的,选择的着眼点,主要是看发育速度、体形外貌和品种特征。具体要求是:生长发育快、脱温体重大。大雏的脱温体重,应在同龄、同群平均体重以上,高出1~2个标准差,并符合品种发育的要求;体形结构良好,羽毛着生情况工常,符合品种或选育标准要求;体质健康,无疾病史的个体。淘汰那些脱温体重小、生长发育落后、羽毛着生慢以及体形结构不良的个体。

二、育成鹅的饲养管理

雏鹅养至 4 周龄时,即进入育成期。从 4 周龄开始至产蛋前为止的时期,称为种鹅的育成期,这段时期的鹅称为育成鹅。此期一般分为限制饲养阶段和恢复饲养阶段。

(一)育成鹅的生理特点

了解种鹅育成期的生理特点,科学地制定出相应的饲养管理方案,育成体质健壮、高产的种鹅群,是育成期种鹅饲养管理的重要目标。

1. 消化机能旺盛,耐粗放饲养。育成鹅消化道容积大,消化机能旺盛,采食量大,一次可采食大量的青粗饲料,比其他家禽消化粗纤维的能力高 40%~50%。由于其代谢旺盛,对青粗饲料的消化能力强,因此,在种鹅的育成期应利用放牧能力强的特性,采取以放牧为主,补饲为辅的饲养方式,加强锻炼,培育出适应性强、耐粗饲、增重快的后备鹅群。

2. 生长速度快。此时鹅的羽毛已丰满,具备了健全的体温调节能力,对外界环境的适应力也逐渐增强,抗病力提高,生长快。此阶段鹅的骨骼、肌肉和羽毛生长速度最快,尤其育成期的前期,是鹅骨骼发育的主要阶段。2 周龄时骨骼占体重的 35% 左右,6 周龄时达到 60% 左右,8 周龄后生长速度开始下降。因此,8 周龄前应供应充足的钙、磷等矿物质饲料,饲喂营养全价平衡的日粮,促进骨骼、肌肉等器官的快速发育。

如果补饲日粮的蛋白质过高,会加速鹅的发育,导致体重过大过肥,并促其早熟,而鹅的骨骼尚未得到充分的发育,致使种鹅骨骼发育纤细,体形较小,提早产蛋,往往产几个蛋后又停产换羽。说明鹅体各部分的生理功能不协调,生殖器官虽发育成熟,但不完全,开产以后由于体内营养物质的消耗,出现停产换羽。因此,种鹅的育成期应逐渐减少补饲日粮的饲喂量和补饲次数,补饲日粮保持较低的蛋白质水平,有利于骨骼、羽毛和生殖器官的充分发育;由于减少了补饲日粮的饲喂量,既节约饲料,又不致使鹅体过肥、体重太大,可保持健壮结实的体格。

3. 合群性强、易于调教、喜戏水。合群性强,喜欢群居,神经类型敏感,条件反射能力强,是鹅的重要生活习性,因此,饲喂、放牧、放水等管理工作每天有规律定时进行,鹅群很容易形成条件反射,养成良好生活规律,给放牧和规模化饲养提供了有利条件。公鹅勇敢善斗、机警善鸣和相互呼应,常常防卫性地追逐生人,农户常用来守家。育成鹅喜戏水,每天有近 1/3 的时间喜欢在水中活动。

(二)育成鹅的限制饲养

种鹅在育成期,饲养管理的重点是限制饲养。

1. 限制饲养的目的　限制饲养阶段一般从 120 日龄开始至开产前 50~60 天结束。后备种鹅经第二次换羽后,如供给足够的饲料,经 50~60 天便可开始产蛋。但此时由于种鹅的生长发育尚不完全,个体间生长发育不整齐,开产时间参差不齐,导致饲养管理十分不方便。加上过早开产的蛋较小,母鹅产小蛋的时间较长,种蛋的受精率低,达不到蛋的种用标准,降低经济收入。因此,这一阶段应对种鹅采取限制饲养,其目的在于控制体重,防止体重过大过肥,使其具有适合产蛋的体况;适时达到开产日龄,比较整齐一致地进入产蛋期;训练其耐粗饲的能力,育成有较强体质和良好生产性能的种鹅;延长种鹅的有效利用期,节省饲料,降低成本,达到提高饲养种鹅经济效益的目的。

2. 限制饲养的方法　　目前,种鹅的限制饲养方法主要有两种。一种是减少补饲日粮的饲喂量,实行定量饲喂;另一种是控制饲料的质量,降低日粮的营养水平。一定要根据放牧条件、季节以及鹅的体质,灵活掌握饲料配比和喂料量,既能维持鹅的正常体质,又能降低种鹅的饲养费用。

限制饲养开始后,应逐步降低饲料的营养水平,每日的喂料次数由 3 次改为 2 次,尽量延长放牧时间,逐步减少每次给料的喂料量;舍饲鹅群应加大青粗饲料比例,以饲喂青粗饲料为主。

日粮中还要注意补充 $1\%\sim15\%$ 的骨粉、$0.3\%\sim0.4\%$ 的食盐,以促进骨骼正常生长,防止软脚病和发育不良。限制饲养阶段,母鹅的日平均饲料用量一般比生长阶段减少 $50\%\sim60\%$。饲料中可添加较多的填充粗料(如糠麸、酒糟等),目的是锻炼鹅的消化能力,扩大食道容量。后备种鹅经限制饲养阶段前期的饲养锻炼,放牧采食青草的能力强,在草质良好的牧地,可不喂或少喂精料;在放牧条件较差的情况下每日喂料 2 次,喂料时间在中午和晚上 9 时左右。圈养的鹅日粮中加喂 $30\%\sim50\%$ 的青绿饲料,注意供足清洁饮水和矿物质及维生素添加剂。

3. 喂料量的控制　　注意种鹅育成期的喂料量不是一成不变的,应根据种鹅放牧采食或青饲料的供给情况而进行适当的调整。

从 8 周龄开始,每周龄开始的第一天早上随机抽取群体 10% 的个体,空腹称重,计算其平均体重,称重时应分公鹅和母鹅。将抽样平均体重与该品种鹅的相应体重标准比较,如在体重标准的适宜范围(在标准的 $\pm 2\%$ 范围内均属适合)内,则该周按标准喂料量饲喂;如超过体重标准 2% 以上,则该周每只每天喂料量减少 $5\sim10$ 克;如低于体重标准 2% 以下,则每只每天增加 $5\sim10$ 克喂料量。平均体重不在体重标准适合范围的群体经1周饲养,称重如果仍不在适合范围,则按上述办法调整喂料量,直到体重在适合范围再按标准喂料量饲喂。注意每周龄开始第一天称取的体重代表上周龄的体重。

4. 喂料次数和时间　限饲期间,每天的喂料量必须一次投喂。每天清晨加好料和饮水后,再放鹅。为保证足够的采食位置,可增加食槽或将饲料倒在运动场水泥地面上饲喂。每只鹅应保证有20～25厘米长的槽位,其目的在于保证采食均匀。

补料时间应在放牧前2小时左右,以防止鹅因放牧前饱食而不愿采食青草;也可在收牧后2小时左右补料,以免养成急于回巢而不愿大量采食青草的坏习惯。

5. 日常管理　限制饲养阶段的日常管理要点如下:

(1)注意观察鹅群动态:在限制饲养阶段,随时观察鹅群的精神状态、采食情况等,发现弱鹅、伤残鹅等要及时挑出来进行单独饲喂和护理。弱鹅往往表现出行动呆滞,两翅下垂,食草没劲,两脚无力,体重轻,放牧时落在鹅群后面,严重者卧地不起。对于个别弱鹅应停止放牧,进行特别管理,可喂以质量较好且容易消化的饲料,到完全恢复后再放牧。

(2)放牧场地选择:应选择水草丰富的草滩、湖畔、河滩、丘陵以及收割后的稻田、麦地等。放牧前,先调查牧地附近是否喷洒过有毒药物,否则必须经1周以后,或下大雨后才能放牧。

(3)注意防暑:育成期种鹅往往处于5～8月份,气温高。放牧时应早出晚归,避开中午酷热,早上天微亮就应出牧,上午10时左右将鹅群赶回圈舍,或赶到阴凉的树林下让鹅休息,到下午3时左右再继续放牧,待日落后收牧。休息的场地最好有水源,以便于饮水、戏水、洗浴。

(4)搞好鹅舍的清洁卫生:每天清洗食槽、水槽以及更换垫料,保持垫草和舍内干燥。

(三)育成鹅的恢复饲养

经限制饲养的种鹅应在开产前60天左右进入恢复饲养阶段。此期应逐步提高补饲日粮的营养水平,增加喂料量和饲喂次数,使鹅的体质尽快恢复。饲粮蛋白质水平应提高到15%～17%,舍饲鹅群应饲喂全价配合日粮。经20天左右,种鹅的体重可恢复到限制饲养前的水平,鹅群开始陆续换羽。为了缩短换羽时间和使鹅群换羽时间整齐一致,可在种鹅体重恢复后进行人工强制换羽,一般采用活拔羽方法。拔羽后应加强饲养管理,拔羽后1～2天停止下水,适当增加饲喂量。公鹅拔羽的时间可比母鹅早2周左右,从而使后备种鹅能整齐一致地进入产蛋期。

育成期如果公母鹅分群饲养,可以在恢复饲养后1个月左右即开产前1个月,将公鹅放入母鹅群。混群前公母鹅应做好驱虫和疫苗免疫等工作。应注意恢复饲养开始时日喂料量不能提高太快,一般应逐渐增加,经4～5周过渡到自由采食。刚恢复自由采食的鹅群采食量可能很高,但几天后会很快恢复到正常水平(80～250克/(只·天))。

(四)后备种鹅适时开产的控制技术

种鹅的开产时间需采取综合措施控制。育成前期即生长期要保证其骨骼的充分发育,育成中后期既要控制种鹅体重,防止过肥或过瘦,又要保证生殖器官的适度发育,防止开产过早或过晚。

1. 种鹅日粮营养水平和饲喂量的调控 后备种鹅培育期分为育雏、生长、限制饲养、恢复饲养4个阶段,各期日粮的营养水平应达到如下要求:充分满足雏鹅的生长发育,生长期不过度发育,限制饲养期体重逐渐上升或适度下降,恢复期能较快恢复体重,从而使鹅群能同步适时进入产蛋期。一般限制饲养期每日每只种鹅的青料保证在 500 克以上,精料补饲量为 100 克左右,应注意不同品种鹅的日粮饲喂量应根据体重和体形发育情况灵活调整。

2. 强制换羽　可在 80 日龄左右或 140 日龄左右的自然换羽时间进行人为活拔羽绒,这样可以使种鹅换羽时间整齐一致,开产时间适当延迟,而且开产整齐性好。

3. 控制光照　光照时间的长短和强度大小以不同的生理途径影响鹅的生长和繁殖能力,对育成鹅开产时间的早晚有重要影响。育成后期每日光照时间逐渐延长会使鹅早开产;反之,则开产时间延迟。放牧饲养条件下,一般育成期只利用自然光照时间。种鹅临近开产期,用 6 周的时间逐渐增加每日的人工光照时间,使种鹅的光照时间(自然光照+人工光照)达到 16～17 小时。人工补充光照强度为 10～40 勒克斯为宜。

三、产蛋种鹅的饲养管理

饲养种鹅的目的在于提高鹅的产蛋量和种蛋的受精率。种鹅的产蛋期一般分为产蛋前期、产蛋期和休产期 3 个阶段。

(一)开产母鹅的识别

后备种鹅进入产蛋前期时,换羽完毕,体质健壮,生殖器官已得到较好的发育,母鹅体态丰满,羽毛紧贴体躯,并富有光泽,尾羽平直,肛门呈菊花状,腹部饱满,松软而有弹性,耻骨间距离增宽,性情温驯,食欲旺盛,采食量增大,喜食矿物质饲料。母鹅表现出衔草做窝现象,说明临近产蛋期。

(二)产蛋期种鹅的饲养方式

小规模养鹅可采用舍饲为主、放牧为辅的饲养方式。上午待鹅群基本产完蛋后出牧,11点回牧;下午4点左右出牧,7~8点回牧。放牧前如发现个别母鹅鸣叫不安,行动迟缓,有觅窝的表现,可用手指伸入母鹅泄殖腔内,触摸腹中有没有蛋,如有蛋,应将母鹅送到产蛋窝内,而不要随大群放牧。放牧时应选择路近而平坦的草地,路上应慢慢驱赶,上下坡时不可让鹅争先拥挤,以免跌伤。尤其是产蛋期母鹅行动迟缓,在出入鹅舍、下水时,应用竹竿稍加阻拦,使其有秩序地出入鹅舍或下水。良好的洗浴对于提高种鹅受精率具有重要的意义。种鹅配种时间一般在早晨和傍晚,而且多在水中进行。每天早晚要将种鹅放到有较好水源的戏水池中洗浴、戏水,此时是种鹅配种的高峰期。舍饲的种鹅也应有一定深度和宽度的戏水池。母鹅在水中往往围在公鹅周围游水,并对公鹅频频点头亲和,表示求偶的行为。放牧前要熟悉当地的草地和水源情况,掌握农药的使用情况。一般春季放牧采食各种青草、水草;夏、秋季主要放牧麦茬地、收割后的稻田;冬季放牧湖滩、沟边、河边。不能让鹅在污秽的沟水、塘水、河水内饮水、洗浴和交配。

规模化大型鹅场,多采用全舍饲方式饲养,应加强戏水池的水质管理,保持清洁卫生,舍内和舍外运动场也要每日打扫,定期消毒;饲养管理制度要稳定,不能随意更改。

(三)饲粮配合与饲喂方式

营养是决定母鹅产蛋量的重要因素。在舍饲为主的条件下,应饲喂全价配合饲粮,产蛋期种鹅饲粮中蛋白质水平应增加到18%~19%,有利于提高母鹅的产蛋量。放牧鹅群精料的营养水平应充分满足母鹅产蛋的需要。从第26周起改为初产蛋鹅饲料，并每周增加日喂料量25克，约用4周时间过渡到自由采食，不再限量。产蛋期种鹅一般每日补饲3次，早、中、晚各一次，产蛋后期可增加饲喂次数，夜间加喂1~2次。

（四）适宜的公母配种比例

公母配种比例对种蛋受精率有直接影响，公鹅过多，不仅浪费饲料，还会引起争斗、争配，使受精率下降；公鹅过少，有些母鹅得不到配种，受精率也下降。由于鹅的品种不同，公鹅的配种能力也不同。小型鹅种适宜的公母比例为1∶6~7，中型鹅种为1∶4~5，大型鹅种为1∶3~4。

（五）种鹅产蛋期的管理

精心、科学的管理是保证鹅群高产、稳产的基本条件。

1. 产蛋鹅的适宜温度　鹅耐寒不耐热，对高温反应敏感。温度对鹅的繁殖能力有非常重要的影响。自然环境下饲养的鹅，夏季气温高时，多数鹅种停产，公鹅精子无活力；春节过后气温较低，但母鹅陆续开产，公鹅精子活力强。母鹅产蛋的适宜温度为8~25℃，公鹅配种繁殖的适宜温度为10~25℃。夏季和冬季应采取有效措施控制舍内温度，从而提高种鹅的繁殖能力。

2. 产蛋鹅的光照方案　母鹅产蛋期应采用16~17小时光照（自然光照＋人工光照），一直维持到产蛋结束。光照强度20~50勒克斯均可。每日光照制度要固定不变，开关灯时间要固定，不要随意变动；否则会使母鹅内分泌激素分泌紊乱，造成减产甚至停产。调控光照可获得非季节性连续产蛋，在休产换羽时突然缩短光照可加速羽毛的脱换。

3. 鹅舍的通风换气 为保持鹅舍空气新鲜,除饲养密度适宜(舍饲 1.3～1.6 只/米^2,放牧条件下 2 只/米^2)外,必须注意通风换气,及时清除粪便、垫草等。舍内氨气、硫化氢等有害气体含量过高,会使鹅群免疫力下降,性成熟延迟,母鹅产蛋能力和公鹅精液品质下降,饲料报酬降低。加强通风换气,可排除舍内有害气体和多余水汽,夏季还有利于鹅体散热降温。

4. 供给鹅充足的饮水 鹅饮水量是采食量的 2～3 倍,缺水会使鹅采食量减少,产蛋性能下降,因此,必须供给鹅充足的清洁饮水。产蛋鹅夜间饮水与白天一样多,夜间也要给足饮水。北方地区冬季气候寒冷,水易结冰,应供给鹅 12℃ 左右的温水。

5. 防止窝外蛋 地面饲养的母鹅,大约有 60% 习惯于窝外地面产蛋,有少数母鹅有产蛋后用草埋蛋的习惯,往往踩坏种蛋,造成损失。因此,母鹅临产前半个月,应在舍内光线较暗、通风良好的地方安置产蛋箱。每 2～3 只鹅提供一个产蛋箱。产蛋箱的规格为:宽 40 厘米、深 60 厘米、高 50 厘米、门槛高 8 厘米,箱底铺垫 3～5 厘米厚柔软的垫草,潮湿肮脏时要及时更换。母鹅有定窝产蛋的习性,要仔细观察初产母鹅的行为,诱导母鹅入箱产蛋。母鹅产蛋前,一般不爱活动,东张西望,不断鸣叫,这是将要产蛋的行为,发现这样的鹅要捉入产蛋箱内产蛋,以后鹅即会找窝产蛋。

母鹅的产蛋时间大多数集中在下半夜至上午 10 时左右,个别的鹅在下午产蛋。因此,产蛋鹅上午 10 时以前不能外出放牧,在鹅舍内补饲,产蛋结束后再外出放牧,而且上午放牧的场地应尽量靠近鹅舍,以便部分母鹅回窝产蛋。这样可减少母鹅在野外产蛋而造成种蛋丢失和破损。放牧前检查鹅群,如发现个别母鹅腹中有蛋,应将母鹅送到产蛋窝内,而不要随大群放牧。放牧时如果发现有母鹅出现神态不安,有急欲找窝的表现,向草丛或较为掩蔽的地方走去时,则应将该鹅捉住检查,如果腹中有蛋,则将该鹅送到产蛋箱内产蛋,待产完蛋后就近放牧。对产出的种蛋要及时收集,以防被粪便污染和破碎。

6. 注意舍内外卫生，保持环境安静　舍内污染的垫草和粪便要经常清理、更换，保持垫草清洁卫生，以防霉变。舍内地面、墙壁等要定期消毒，以防疾病发生。饲料、饮水要保持洁净卫生，饮水器每天要洗刷 1~2 次。

产蛋鹅舍内外应保持安静，严防惊吓、拥挤、驱赶、气候变化、饲料突然更换、大声吆喝、粗暴操作等不良刺激因素，避免因应激而引起产蛋鹅减产甚至停产或诱发疾病等现象的发生。

7. 优化鹅群结构　鹅群合理的年龄结构对保持每年有均衡而较高的产蛋量具有重要的经济意义。鹅的利用年限较长，其产蛋高峰在第 2~3 年，第 4 年开始下降。据报道，产蛋量以第一个产蛋年度为 100%，第二个产蛋年度为 108%~155%，第三个产蛋年度为 127%~168%，其中大型灰鹅第四、第五个产蛋年度迅速下降为 77%。因此，种母鹅的利用年限一般为 3~3.5 年，公鹅不宜超过 3 年。实践证明，适宜的鹅群结构应为：1 岁鹅占 40%~45%，2~3 岁鹅占 50%~55%，4 岁鹅占 5%。

8. 控制就巢性　国内外许多鹅种产蛋期间都表现出不同程度的就巢性，对产蛋性能造成很大影响。生产中，如果发现母鹅有恋巢行为时，应及时隔离，关在光线充足、通风良好、凉爽的地方，只提供饮水，不给饲料，2~3 天后喂一些干草粉、糠麸等粗饲料及少量精料。采用这种方法处理可使母鹅及早醒抱而恢复产蛋。也可使用一些市售药物醒抱。

9. 种鹅的选择淘汰　鹅繁殖的季节性很强，一般到每年的 4~5 月份开始陆续停产换羽，如果种鹅只利用一个产蛋年，当产蛋接近尾声时，大约在次年的 3 月份就开始出现母鹅停产。这时可首先淘汰那些换羽的公鹅和母鹅，以及腿部等有伤残的个体；其次根据母鹅耻骨间距，淘汰那些没有产蛋，但未换羽，耻骨间距在 3 指以下的个体，同时应淘汰多余的公鹅，也可将产蛋末期的种鹅全群淘汰。这种只利用一个产蛋年的制度,种蛋的受精率、孵化率较高,而且可充分利用鹅舍和劳动力,节约饲料,经济效益较高。

(六)种鹅休产期的饲养管理

种鹅的产蛋期一般只有 9~10 个月。母鹅的产蛋期除品种因素外,各地区气候不同,产蛋期也不一样,我国南方集中在冬、春两季产蛋。产蛋末期产蛋量明显减少,畸形蛋增多,公鹅的配种能力下降,种蛋受精率降低,大部分母鹅的羽毛干枯,在这种情况下,种鹅进入持续时间较长的休产期。进入休产期的种鹅应以放牧为主,将产蛋期的日粮改为育成期日粮,其目的是消耗母鹅体内的脂肪,提高鹅群耐粗饲的能力,降低饲养成本。

在自然条件下,母鹅从开始脱羽到新羽长齐需较长的时间,换羽有早有迟,其后的产蛋也有先有后。为了缩短换羽的时间,换羽后产蛋比较整齐,可采用人工强制换羽。人工强制换羽是通过改变种鹅的饲养管理条件,促使其换羽。换羽之前,首先清理淘汰产蛋性能低、体形较小、有伤残的母鹅以及多余的公鹅,停止人工光照,停料 3~4 天,只提供少量青饲料,并保证充足饮水;第 4 天开始喂给由青料加糠麸糟渣等组成的青粗饲料;第 10 天左右试拔主翼羽和覆主翼羽,如果试拔不费劲,羽根干枯,可逐根拔除。否则应隔 3~5 天后再拔一次,最后拔掉主尾羽。

拔羽后当天鹅群应圈养在运动场内喂料、喂水,不能让鹅群下水,防止细菌污染,引起毛孔发炎。拔羽后一段时间内因其适应性较差,应避免雨淋和烈日暴晒等应激。

种鹅休产期时间较长,没有经济收入,致使养鹅的经济效益低。在种鹅休产期可进行人工活拔羽绒。休产期一般可拔羽 2~3 次,既可增加可观的经济收入,又对提高种鹅质量起到了促进作用。

(七)人工授精种鹅的饲养管理

在繁殖期间,种鹅的生产性能易受气候、营养水平、饲养条件、品种特点、管理措施等因素的影响,因此正确的饲养管理措施也是保证种鹅人工授精种蛋受精率的关键环节之一。

在种鹅开产前一个月,公母鹅分开饲养,采用舍饲方式,喂给种鹅配合饲料,配合饲料蛋白含量15%~16%,代谢能11.30~11.72兆焦/千克。每天投料2次。随着产蛋期的接近,日投料量逐渐增加,并供给足够的清洁饮水和青饲料,使种鹅摄入充足的营养物质。

产蛋期公母鹅必须分开饲养,以便于采精和授精。母鹅可按常规进行饲养管理,而公鹅在常规饲养的基础上,应适当补充微量元素。

配种繁殖期间公鹅的营养水平在饲养管理中显得尤为重要,种公鹅必须定时定量饲喂,而且青粗饲料的比例不宜过高,防止采精时有粪便。每只鹅每日的干物质采食量要在250克以内,饲料中的粗蛋白含量要达到14%,代谢能要达到11.30兆焦/千克,并补充一定量的维生素添加剂和微量元素添加剂。精蛋白浓度及多种维生素含量在一定程度上决定着精液浓度和精液量,直接影响着人工授精效果。日粮中应补足多种维生素,尤其应保证维生素A、维生素D、维生素E的足量供应,以促进性腺发育和增强生殖功能,提高种鹅繁殖能力,保持正常的种蛋受精率。

在日常饲养管理中,每天捡蛋3次以上,防止种蛋长时间停留在窝中,增加被污染的机会,以及受到母鹅孵化而影响受精率;应注意做好舍内外的清洁卫生,为种鹅提供良好的饲养环境,同时也应严格实施各项兽医卫生防疫措施,保证种鹅健康、稳产。

综上所述,在鹅的人工授精技术的实际应用过程中,只有严格按照其技术规程进行操作,才能保证种鹅生产潜能的正常发挥,提高种鹅繁殖力,产生较好的经济效益。

四、肉用仔鹅的育肥

我国鹅肉主要来源于肉用仔鹅、淘汰种鹅、肥肝生产鹅等,其中肉用仔鹅具有肉质细嫩、生长速度快、饲养周期短、适于规模化等特点,成为鹅肉的主要来源。

(一)肉用仔鹅的饲养阶段划分

肉用仔鹅的体重增长具有明显规律:雏鹅早期生长阶段绝对增重不多,一般3周龄后生长加速,4~7周龄出现生长高峰期,8周龄后生长速度减慢。因此,肉用仔鹅的适时屠宰期,中小型品种以9周龄、大型品种不超过10周龄为佳。

根据仔鹅的生长发育规律和饲养特点,一般把其饲养周期人为划为育雏期、中雏期和育肥期三个阶段。0~4周龄为育雏期,5~8周龄为中雏期,9~10周龄为育肥期。

(二)育肥前的准备工作

1. 肥育鹅选择及分群饲养　若肥育鹅来自淘汰种鹅,在育成期中,首先从鹅群中选留种鹅,定为种鹅群定向培育,剩下的鹅为肥育鹅群。选择作肥育的鹅只不分品种、性别,要选精神活泼,羽毛光亮,两眼有神,叫声洪亮,机警敏捷,善于觅食,挣扎有力,肛门清洁,健壮无病,70日龄以上的中鹅作肥育鹅。新从市场买回的肉鹅,还需在清洁水源放养,观察2~3天,并投喂一些抗生素和注射必要的疫苗进行疾病的预防,确认其健康无病后再予育肥。为了使育肥鹅群生长齐整、同步增膘,必须将大群分为若干小群。分群原则是:将体形大小相近和采食能力相似的混群,分成强群、中等群和弱群三等,在饲养管理中根据各群实际情况,采取相应的技术措施,缩小群体之间的差异,使全群达到最高生产性能,一次性出栏。

2. 驱虫　鹅体内外的寄生虫较多,如蛔虫、绦虫、吸虫、羽虱等,应先进行确诊。育肥前要进行一次彻底驱虫,对提高饲料报酬和肥育效果极有好处。驱虫药应选择广谱、高效、低毒的药物。

(三)育肥方法

肉用仔鹅的育肥方法主要有放牧加补饲育肥法和圈养限制运动育肥法有两种。育肥期,通常为15～20天。采用什么方式、方法育肥,要根据饲料、牧草、鹅的品种、季节和市场价格来确定。

1. 放牧加补饲育肥法　实验证明,放牧加补饲是最经济的育肥方法。放牧育肥俗称"骝茬子",根据肥育季节的不同,进行骝野草籽、麦茬地、稻田地,采食收割时遗留在田里的粒穗,边放牧边休息,定时饮水。放牧骝茬子育肥是我国民间广泛采用的一种最经济的育肥方法。如果白天吃的籽粒很饱,晚上或夜间可不必补饲精料。如果肥育的季节赶到秋前(籽粒没成熟)或秋后(骝茬子季节已过),放牧时鹅只能吃青草或秋黄死的野草,那么晚上和夜间必须补饲精料,能吃多少喂多少。吃饱的鹅有厌食动作,摆脖子下咽,头不停地往下点。补饲必须用全价配合饲料,或压制成颗粒料,可减少饲料浪费。补饲的鹅必须饮足水,尤其是夜间不能停水。

放牧育肥必须充分掌握当地农作物的收割季节,事先联系好放牧的茬地,预先育雏,制定好放牧育肥计划。

2. 圈养限制运动育肥法　将鹅群用围栏圈起来,每平方米5～6只,要求栏舍干燥,通风良好,光线暗,环境安静,每天进食

3～5次,从早5点到晚10点。育肥期20天左右,鹅体重迅速增加,增重30%～40%。这种育肥方法不如放牧育肥广泛,饲养成本较放牧育肥高,但符合大规模养鹅的发展趋势,而且生产效率较高,育肥的均匀度比较好,适用于放牧条件较差的地区或季节,最适于集约化批量饲养。常用方法有两种:填饲育肥法和自由采食育肥法。

(1)填饲育肥法:采用填鸭式肥育技术,俗称"填鹅",即在短期内强制性地让鹅采食大量的富含碳水化合物的饲料,促进育肥。此法育肥增重速度最快,只要经过10天左右就可达到鹅体脂肪迅速增多肉嫩味美的效果。如可按玉米、碎米、甘薯面60%,米糠、麸皮30%,豆饼(粕)粉8%,生长素1%,食盐1%配成全价混合饲料,加水拌成糊状,用特制的填饲机填饲。具体操作方法是:由二人完成,一人抓鹅,一人握鹅头,左手撑开鹅嘴,右手将胶皮管插入鹅食道内,脚踏压食开关,一次性注满食道,一只一只慢慢进行。如没有填饲机,可将混合料制成1～1.5厘米、长6厘米左右的食条,俗称"剂子",待阴干后,用人工填入食道中,效果也很好,但费人工,适于小批量肥育。其操作方法是:填饲人员坐在凳子上,用膝关节和大腿夹住鹅身,背朝人,左手把鹅嘴撑开,右手拿"剂子",先蘸一下水,用食指将"剂子"填入食道内,每填一次用手顺着食道轻轻地向下推压,协助"剂子"下移,每次填3～4条,直至填饱为限。开始3天内,不宜填得大饱,每天填3～4次。以后要填饱,每日填5次,从早6点到晚10点,平均每4小时填一次。

填饲的仔鹅应供给充足的饮水。每天傍晚应放水一次,时间约半小时,可促进新陈代谢,有利消化,清洁羽毛,防止生羽虱和其他皮肤病。

每天应清理圈舍一次,如使用褥草垫栏,则每天要用干草更换,湿垫料晒干、去污后仍可使用。若用土垫,每天须添加新的干土,7天要彻底清除一次(图5-1为三种常用填饲机)。

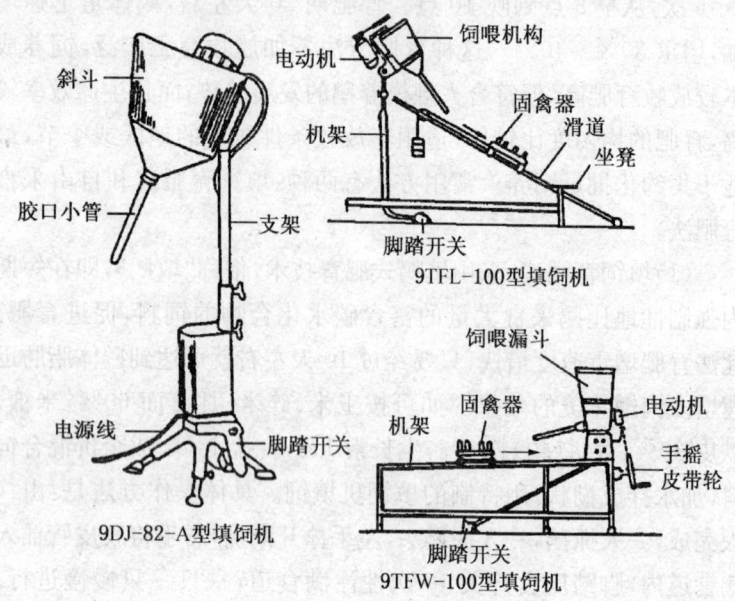

图 5-1 三种常用填饲机

(2)自由采食育肥法:有栅上育肥和地上平面加垫料育肥两种方式,均用竹竿或木条隔成小区,食槽和水槽设在围栏外,鹅伸出头来自由采食和饮水。

我国广东和华南一带多用围栏栅上育肥,在距地面 60~70 厘米的高处搭起栅架,栅条距 3~4 厘米;鹅粪可通过栅条间隙漏到地面上,鹅在栅面上可保持干燥,清洁的环境有利于鹅的肥育。育肥结束后一次性清粪。有的鹅场将板条直接架设在水面上,利用鹅粪直接喂鱼,使鹅粪得以综合利用(图 5-2 为双列式育肥栅示意图)。在东北地区,因没有竹条,多采用地面加垫料,用木条围成围栏,鹅在围栏内活动,头外伸采食和饮水。每天都要清理垫料或加新垫料,劳动强度相对大,卫生较差,但投资少,肥育效果也很好。

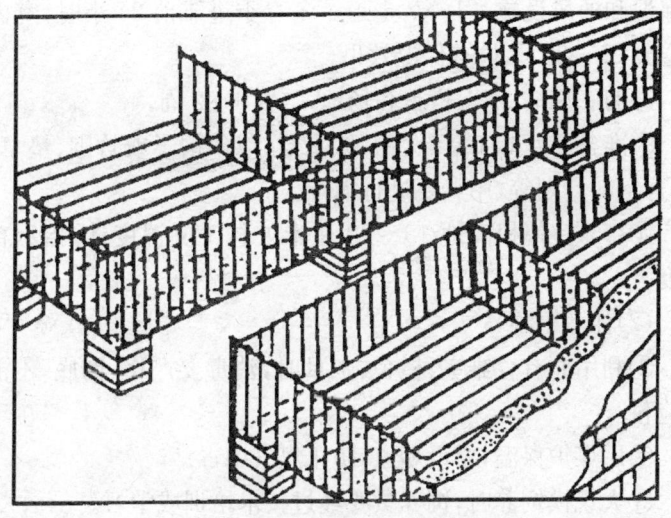

图 5-2 双列式育肥栅栏示意图

采用自由采食育肥,生产中一般是实行"先精后青"的原则。开始时可先喂精料 50%,后喂青料 50%,也可精、青料混合饲喂。在饲养过程中要注意鹅粪的变化,酌情调整精、青料的比例,当粪便逐渐变黑,粪条变细而结实,说明肠管和肠系膜开始沉积脂肪,应改为先喂精料 80%,后喂青料 20%,逐渐减少青粗饲料的添加量,促进其增膘,缩短肥育时间,提高育肥效益。

(四)肉鹅规模化快速肥育工作日程

肉用仔鹅的快速肥育,根据实际生产的要求,从育雏准备工作开始,按日龄顺序安排如下:

1. 育雏准备

(1)主要工作

①修建育雏室,按每平方米育雏 10~15 只计算所需面积。检

修保温和通风设施、门、窗、走道。冬春季进雏前24小时,室内应升温到25～28℃,检查保温效果。

②彻底清洁、消毒栏舍和场地,空置1～2周。

③准备齐育雏工具、食槽、饮水器、芦苇褶子或竹围、垫草、饲料、青饲料计划等,用具要进行消毒。

④育雏室墙根离地15～20厘米处挂1支温度计,指示育雏温度。

(2)注意事项

①利用原有育雏室、栏舍、工具时,消毒要严格、彻底,不能马虎应付。

②用煤炉保温,要设烟道,防止煤气中毒。

③大规模饲养时,饲养员要经过技术培训或学习。

2. 第1天

(1)主要工作

①接雏、清点雏鹅数,弱雏分开专门组群。抽样5%分别称重,求平均数为平均初生重。

②育雏室温度保持在28～30℃。

③"开饮",即首次喂水。

④"开食",即首次喂料。

⑤大批饲养时,可用竹围或褶子分成若干小栏,每栏养雏鹅100只左右,以便于管理。

⑥24小时光照。

(2)注意事项

①24小时有专人值班,观察雏鹅动态。若雏鹅鸣叫不安,扎堆休息,应及时赶散防止压死压伤,这表示温度不够,要适当升高室内温度。若雏鹅张口呼吸,表示温度太高,应降低室温。

②要确认每只雏鹅均饮上水、吃过料。

③天冷时,防止贼风或穿堂风直接吹到雏鹅身上。

3. 第 2~3 天

(1)主要工作

①更换垫草,晒干可再用。打扫育雏室,清洗饮水器、塑料布。

②每隔 2 小时喂料 1 次,同时喂水,水中加入 0.05% 的高锰酸钾,连用 7 天,有利于健康。塑料布每用一次后要洗干净再用。

③第 2 天开始逐步用配合饲料代替碎米,群体大时分批喂。

④观察雏鹅动态,防止扎堆,体弱雏鹅分开另喂。

⑤24 小时光照。

(2)注意事项

①保持育雏室干燥、卫生,而且安静,让雏鹅休息好。

②育雏室温度要稳定,切忌忽高忽低。

③育雏室注意通风,当人进入室内时应不觉气闷,没有臭气及异味。

④防止兽害。

4. 第 4~6 天

(1)主要工作

①从第 5 天起,温度调整到 27~28℃。

②可改用饲料槽喂饲料,每天喂 8~10 次,料中青饲料应占 60%~70%,晚上必须喂 2~3 次,且完全用配合饲料。

③添喂沙砾(颗粒以小米粒大小为宜)

④在天气暖和的中午,可放雏鹅出来运动 1 小时,同时能晒晒太阳。

⑤管理工作同第 2~3 天。

(2)注意事项

①同第 2~3 天。

②所用青饲料必须新鲜、清洁卫生,当天割当天用。

5. 第 7 天

(1)主要工作

①随机抽样5%个体,每只分别称重,求平均数,代表1周龄雏鹅的体重。了解雏鹅的生长发育状况。

②日常管理工作同第4~6日龄。

(2)注意事项

①抽样称重必须要随机,被抽出的样本,公、母和大、中、小都应有,这样求出的平均数才有代表性。

②若平均体重低于1周龄时的目标活重,应加强饲养和管理工作。

6. 第8~10天

主要工作:

①天气热时,白天可以脱温,晚上升温,保持25℃左右。

②日常管理工作同前。

③配合饲料和青饲料用量要逐日增加。

7. 第11~13天

主要工作:

①寒冷天将育雏温度调整到24~25℃。

②改自然光照,晚上喂料时开灯,其他时间关灯。

③日常管理工作同前。

④调整雏鹅饲养密度,每平方米养12~15只。

8. 第14天

主要工作:

①第三次抽样称重,方法同前。

②根据体重大小,适当调整鹅群,加强对弱雏的培养。

③放入沙盘,沙砾以绿豆大小为宜。

④管理工作同前,配合饲料及青绿饲料用量逐日增加。

9. 第15~20天

主要工作:

①调整育雏室温度为20~22℃。

②雏鹅消化能力已增强,切碎的青绿饲料可以单独饲喂,吃完了就添,让它们吃饱。

③配合饲料每天喂6~8次,包括晚上1~2次。

④拆去小围栏,增加活动面积。

⑤日常管理工作同前。

10. 第21天

(1)主要工作

①第四次抽样称重,方法同前。

②一般育雏室不再加温,遇到冷天,特别是晚上应注意加温到20℃。

③计算下一周的精料用量,方法是按第4周龄预计增加的体重乘1.7倍,再乘以存栏雏鹅数,即为1周饲料量。并准备1周配合饲料的用量。用预计增加体重乘以6再乘存栏鹅数,即得下周青绿饲料的用量,并做好供应计划。

(2)注意事项:若天气很冷,应延长加温时间;若天气炎热,可缩短加温时间。

11. 第22~27天

主要工作:

①白天可以在室外运动场上活动,天气好时在运动场上喂青饲料。

②天气冷时,晚上室内应保温或多加垫草。

③雏鹅吃草多,粪尿多,要勤打扫,保持室内干燥、卫生。

④每天喂配合饲料5~6次,用料量逐日增加,晚上至少喂1~2次。

⑤调整饲养密度,每平方米10只左右。

12. 第28天

主要工作:

①第五次抽样称重,全群清点,计算育雏率,求出全群平均体

重,与目标活重对照。若生长过慢,要认真分析找出原因,提出解决办法。

②离开育雏室,转入中鹅舍。按每平方米5只计划面积。

③按体重大小,重新组群。

④按下周鹅群体重增加量乘以2.0倍,再乘存栏鹅数,即为下周中鹅饲料的用量,并备足配合料。用预计体重增加量乘以6,再乘存栏鹅数,为下周青饲料用量,做好供应计划。

13. 第29~34天

(1)主要工作

①换用中鹅饲料,每天喂4~6次,晚上1次,配合料用量应逐日增加。

②天晴时,在运动场上喂青料,吃完了就添加。

③室内每天打扫1次,换草1次,运动场上每天打扫2次。

(2)注意事项

①改换中鹅饲料时,要有2~3天的过渡期,即每天更换1/3。

②青绿饲料可切成3~5厘米长喂鹅,要新鲜,清洁。

③若雏鹅期水草用得多,应全群服用驱虫药1次,清除绦虫。

14. 第35天

(1)主要工作

①第六次抽样称重,求全群平均活重,与目标活重对照。

②按下周的预计增重乘2.1倍,再乘存栏中鹅数,计算出下周配合料用量,并准备好。预计增重乘以6倍,再乘存栏数,为下周青绿饲料用量,做好供应计划。

(2)注意事项

①仔鹅进入生长高峰,体重增加逐日加快,配合饲料的用量也应逐日增加,不能1周内平均分配。

②青绿饲料消耗逐日增加,要充分供应。

③保持周围环境安静,做好卫生工作,让鹅充分生长。

15. 第 36~41 天

主要工作：

①对体重较小的鹅群要加强饲养，多给优质青饲料及配合饲料。

②日常的饲养管理工作，每天喂配合料 4~5 次，晚上喂 1 次，并喂青绿饲料。舍内打扫 1 次，换垫草，运动场打扫 2 次。

③配合料与青饲料用量逐日增加，每次让它们吃完。

16. 第 42 天

主要工作：

①第七次抽样称重，检查一周来的生长状况。若未达到目标体重，应寻找原因，提出解决办法。

②计算下周配合饲料用量，方法同前，系数为 2.3 倍，青饲料的系数为 6.5 倍。

③管理工作同前。

17. 第 43~48 天

(1) 主要工作

①每天喂配合料 4~5 次，晚上 1 次。青料充分供应。

②每天配合饲料的用量可以一样，1 周量 7 天平均使用。

③日常管理工作同前，注意鹅群动态。

(2) 注意事项：本周是仔鹅生长最快的时期，要充分供应精料和青料，保持环境清洁、卫生和安静，让鹅充分生长。

18. 第 49 天

主要工作：

①第八次抽样称重，检查一周来的生长状况。

②计算下一周的配合饲料用量，方法同前，系数为 2.5 倍，青饲料的系数为 6.5 倍。

③适当调整鹅群，将各栏中体弱的集中在一起，单独饲养。

19. 第 50~55 天

(1)主要工作

①配合料用量每天一样,青饲料喂足。

②日常管理工作同前。

(2)注意事项:本周也是仔鹅生长高峰期,要加强饲养管理工作,创造一个优良环境,让仔鹅充分生长。

20. 第56天

主要工作:

①第九次抽样称重。分析一周来鹅群的生长状况。

②计算下一周饲料用量,配合饲料的系数为2.7倍,青饲料的系数为7倍。

③生长快的鹅可以上市出售。

21. 第57~62天

(1)主要工作

①配合饲料用量每天由多到少,青饲料充分供应。

②日常管理工作同前。

(2)注意事项

①仔鹅生长速度开始减慢,一周内日饲料用量应由多到少。

②仍应让仔鹅充分生长,达到最好水平。

22. 第63天

主要工作:

①全群鹅称重,上市出售。

②进行一个全面的总结及经济核算。

③如果要继续饲养,按第九周的工作重复一次仍应让肉鹅充分生长,达到最好水平。

(五)肉鹅家庭小规模快速肥育工作日程

有的农户初次养鹅或条件限制,一次只能饲养100~200只。

这样可以不用育雏室,采用自温育雏,其基本条件是室温在15℃左右。气候暖和的地区,如华南、华中及我国东南各省在春末夏初时,快速育肥的日程安排如下:

1. 育雏准备

主要工作:

①打扫房间,修好门窗,无贼风吹入,室温15℃左右。

②准备好箩筐、纸箱、竹围、褶子、棉毯、垫草、饮水器、塑料布、饲料等。

2. 第1天

(1)主要工作

①在箩筐内或纸箱内放入6~7厘米长的干燥柔软垫草,将雏鹅放入后,盖上棉毯或麻袋等保温物。

②开饮,即首次喂水。

③开食,即首次喂料。

(2)注意事项

①喂食时,筐内外的温差不能太大。

②筐上的覆盖物不能盖得太严,应留有通气孔。

③防止筐内雏鹅"扎堆"。

3. 第2~10天

主要工作:

①勤换筐内挚草,保持筐内干燥、温暖。

②从2日龄开始,用市售仔猪料代替1/3的碎米,分3天过渡到用仔猪料作雏鹅配合饲料。

③从4日龄起,如天气暖和,中午前后可在室外喂料、喂水,让雏鹅活动半小时,接受阳光照射,有利于健康。

④从5日龄起可改用饲料槽喂食,每天8~10次,其中,晚上喂2~3次,青绿饲料用量可占60%~70%。

4. 第11~20天

主要工作:

①每只鹅每天喂精料 50 克,分 6～8 次喂,晚上 2 次,青绿饲料可占 80%～90%。

②根据鹅的生长状况,要调整饲养密度。或放地上用竹围网养。

③天气晴朗,可以开始训练放牧,时间从 1 小时逐渐延长到 3 小时。

5. 第 21～30 天

(1)主要工作

①放在地上饲养,垫干草,防止贼风吹入,遇天冷要注意保温。

②每只每天用精料 120 克,分 4～6 次喂,晚上喂 1 次。

③放牧时间可适当延长,暖和天气,水温在 15℃ 以上时,可下水洗澡。

(2)注意事项:放牧地点应就近,不要超过 300 米,青草要幼嫩。

6. 第 31～65 天

(1))主要工作

①改喂中鹅料或用肥猪料代替,分 3 天完成过渡工作。

②逐步过渡到全天放牧。

③精料用量:31～50 日龄每只每天 150 克,饲喂时随日龄增加,精料用量逐日上升;50～65 日龄,每天每只 180 克,随日龄增加,精料用量逐日下降,不能平均使用。

(2)注意事项

①35～55 日龄是中鹅生长高峰期,应加强饲养管理工作。

②65 日龄左右,肉鹅活重可达 3.0～3.5 千克,可上市出售。

第六章　鹅肥肝生产和活体拔毛技术

一、鹅肥肝的生产

(一) 鹅肥肝的生产概况

鹅肥肝是一种新型的水禽产品，被誉为世界食品之王，在国际市场上属紧俏商品。鹅肥肝是指体成熟基本完成的鹅，用人工强制填饲育肥后，脂肪组织在肝脏中快速沉积而形成的特大脂肪肝。肥肝的体积是正常肝脏的几倍到十几倍。一般情况下鹅肝重50～100克，而鹅肥肝重可达300～900克，大的可达1800克。鹅肥肝个大、营养丰富，质地细腻，柔嫩可口，成为西方国家餐桌上的珍贵佳肴，属高档食品。法国是世界上最早生产肥肝的国家，也是最大的消费国和进口国。匈牙利是肥肝生产量和出口量最大的国家。近年来，国际市场上对肥肝的消费日益增长，除法国、瑞士等欧美国家外，北美、亚太地区的消费量也在逐步扩大，特别是日本。

由于肥肝生产属于劳动密集型产业，加上一些国家出于动物保护的要求，禁止填鹅，因此在欧洲国家鹅肥肝生产成本较高，肥肝的国际市场价格也一直居高不下。我国有丰富的鹅种资源和劳动力资源，近年来国家也在大力推广鹅肥肝生产，2006年全球鹅肥肝的年总产量约3000吨，我国的鹅肥肝产量已达500余吨，位居世界第三位。

(二)鹅肥肝的营养价值与经济效益

鹅肥肝与普通肥肝相比,可增重 5~10 倍,并且营养成分发生了很大变化。肥肝水分含量少,脂肪含量高,蛋白质含量低(表 6-1)。水禽的普通肝脏色泽暗红,而肥肝为淡黄色或粉红色,这是由于肝脏沉积了大量脂肪的原因。肥肝中的脂肪主要是不饱和脂肪酸,与植物油接近。这种不饱和脂肪酸易于被人体吸收,且能降低人体血液中胆固醇的含量,减少胆固醇类物质在血管壁的沉积,从而减少动脉硬化的发病率。肥肝中还含有丰富的亚油酸、卵磷脂、脱氧核糖核酸、必需氨基酸等,都是人体生长发育所必需的营养物质。由于肥肝的含脂率比正常肝高 7~9 倍,因此肝质细嫩,味道鲜美,使人们能接受并喜欢这种高脂肪的肥肝,特别是成为怕吃动物性脂肪的欧美人餐桌上的美味佳肴,这也是肥肝成为目前世界食品贸易中最畅销而又珍贵的高档营养品的原因。

表 6-1 鹅肥肝与正常肝营养成分比较

营养成分	水分(%)	蛋白质(%)	脂肪(%)	矿物质(%)	孵磷脂(%)	重量(克)
正常肝	66.99~68.49	22.3~23.89	6.4~6.6	1.46~1.68	1.0~2.05	50~100
肥肝	35.7~47.49	6.9~12.56	37.5~56.53	0.8~0.94	4.26~6.9	350~1400

鹅肥肝因其营养价值丰富、生产工艺复杂以及加工成本居高而使其价格不菲,每千克优质鲜鹅肥肝价格达 240 元左右,加工成鹅肝酱后可增值 5~6 倍,所以被称之为食品中的"软黄金"。据估

算,建1200只规模饲养场需投资70万元,年出栏10批,每只生产总成本约142.85元,其中育肥鹅进价75元,饲料费46.75元,人工及其他费用21.10元。每只总产值307.79元,其中:主产品(鹅肝)产值180元,副产品(鹅毛、鹅体、肫、爪、翅、头、心)产值127.79元,平均每只净利润164.94元。如果按成本收益计算仅出栏5批就能收回投资。据了解,国外市场鹅肥肝年需求量为1万吨以上,而鹅肥肝的生产量只有4000～5000吨,缺口很大。此外,鹅分割肉在国内也同样具有很大的市场,特别是广东和港澳地区对鹅肉有传统的偏爱,需求量很大,价格看好,鹅肉、鹅内脏等产品也有很好的市场,其潜在的市场是可观的。

(三)肥肝生产利用的鹅主要品种

肥肝生产通常是利用体形较大、肉用性能较好的鹅品种。体形越大,肥肝重量越大。生产实践中,为提高肥肝的产量,通常采用肥肝生产性能好的大型品种作父本,用繁殖性能好的品种作母本,进行杂交,然后利用杂种一代生产肥肝。

1. 国外品种　国外用于生产肥肝的鹅品种主要有法国的朗德鹅、图卢兹鹅、匈牙利白鹅、意大利鹅、德国的莱茵鹅等。朗德鹅肝重达700～800克,是世界上最优秀的肥肝鹅品种,也是目前各国肥肝生产利用最多的鹅品种。但其产蛋少,国外除直接用于生产肥肝外,多采用朗德鹅作父本与当地鹅种杂交生产肥肝。图卢兹鹅是世界上体形最大的鹅种,肥肝重达1000～1300克,缺点是肝脏大而软,脂肪充满在肝细胞间隙,品质较差,目前已很少直接用于肥肝生产,只用作杂交鹅的改良,提高肥肝性能。匈牙利白鹅的平均肝重为464克,意大利鹅396克,莱茵鹅为379克。

2. 我国品种　我国一些地方品种肥肝性能较好。如狮头鹅的平均肝重706克,最大可达1400克。广西合浦鹅肥肝重523

克,最大可达 1240 克。涂浦鹅肥肝重 600 克。

3. 配套系　目前内外普遍利用杂种鹅生产鹅肥肝,这样可以利用母系产蛋多的优点,大量繁殖肥肝用鹅,还可以利用杂种优势来提高产肝重。

法国主要采用二元杂交,用图卢兹鹅作父本,玛瑟布鹅或朗德鹅作母本。匈牙利采用四系配套杂交,利用品种主要有图卢兹鹅、朗德鹅和本国鹅种。我国主要采用大型品种狮头鹅和引进品种朗德鹅、莱茵鹅做父本,以各地产蛋较多的地方品种如太湖鹅、四川白鹅等作母本,进行二元杂交,杂种的肥肝性能得到明显提高。如朗德鹅公鹅与四川白鹅母鹅杂交,杂交后代填饲 19 天后平均肥肝重为 408 克,而纯种四川白鹅肥重只有 158.3 克。

(四)鹅肥肝的生产技术

肥肝鹅从育雏到肥育屠宰都要专门培育,整个饲养期可分为培育期、预饲期、填饲期三个阶段。

1. 培育期　从出壳到 9～10 周龄为培育期,育雏初期喂给优质全价配合饲料,促使幼鹅生长发育良好。从脱温开始逐渐过渡到放牧饲养,利用天然饲料资源,充分采食大量的青绿饲料,促进鹅的消化系统特别是食道和食道膨大部的发育,以利于以后填食时能多喂饲料,增强育肥效果。

2. 预饲期　预饲期一般为 2～3 周。预饲期肉仔鹅逐渐由放牧饲养转为舍饲,逐渐减少青粗饲料,增加精饲料。预饲期饲料:玉米 60%,麸皮 15%,豆饼 18%,花生饼 5%,骨粉 2%。每天定时喂 3 次,自由采食,喂料量要逐渐增加,达到 250～300 克。此期鹅舍应经常清扫与消毒,通风干燥,公母鹅分开饲养,每圈数量不超过 20 只,每平方米饲养 2 只鹅为宜。鹅舍内采用暗光照明,保持安静。在预饲期最后一周接种禽霍乱疫苗和进行驱虫。

3. 填饲期 一般为 3~4 周,一般大型鹅种填饲 4 周,小型鹅种填饲 3 周。具体时间应根据鹅的实际增重和外形表现来确定。如当肥肝鹅出现前胸下垂,行走困难、步履蹒跚,呼吸急促,眼睛凹陷,羽毛湿乱,精神委靡或经常出现消化不良的应及时屠宰取肝。

(1) 填饲鹅的选择:选择 90~110 日龄、体重 3~5 千克,体形大、胸深宽、体质健壮的鹅。

(2) 填饲饲料和填饲量:黄玉米是生产肥肝的最好饲料。用黄玉米生产的肥肝大且色泽较深,价格较贵。玉米最好选择一年以上无霉变、去杂质的陈年黄玉米。玉米整粒填饲比粉状填饲效果好。填饲量应由少到多,每天填饲量大型鹅 850~1000 克,中型鹅 700~940 克,小型鹅 550~650 克,每天填饲次数一般为 3~4 次。每只鹅在填饲前先用手触摸食道中玉米的消化情况,如有玉米残留,说明消化不良,可适当减少填饲量。填饲饲料调制的方法主要有 3 种。

①浸泡法:将玉米直接放入冷水中浸泡 8~12 小时,然后沥干水分。按浸泡后的重量加入 0.5%~1% 的食盐、1%~2% 的动植物油和 0.01% 复合维生素拌匀即可。浸泡法简单易行,生产中常用此法。

②水煮法:将玉米加水煮沸 10~15 分钟,使玉米粒达八成熟,捞出后加入 1%~2% 的油脂和 1% 的食盐和 0.01% 复合维生素拌匀即可。

③炒玉米法:将玉米用文火炒至八成熟,放冷后用袋装好备用。喂前用温水浸泡 1~1.5 小时,至玉米粒表皮展开为度,沥干水分,加入 0.5%~1% 食盐匀即可。

(3) 填饲期管理:填饲期采用舍饲平养,不设运动场和水池,不让鹅运动和下水,尽量减少其能量的消耗。保证充足饮水,设沙槽任其自由采食。保持鹅舍冬暖夏凉,通风良好,暗光、清洁、安静。每平方米饲养密度 3~4 只,每栏不超过 10 只鹅。

(五)鹅的屠宰及肥肝的处理

宰前禁食8～12小时(一般经过一夜的停饲,次日清晨屠宰),断气管血管放血,待放血干净后将鹅放进65～70℃的水中浸烫,并不停地翻动1～2分钟,立即用手工拔毛。毛拔净后将鹅腹部朝上放置在0～3℃的冷藏室6～10小时或4～10℃条件下放12～18小时,使屠体坚实,易于取肝。取肝时,将鹅腹向上沿腹部正中切开腹腔,轻轻摘取肝脏。小心剪去胆囊,用小刀切除附着在肝脏上的神经纤维、结缔组织、残留脂肪和胆囊下的绿色渗出物,切除肥肝上的淤血和出血斑。将肝放在1%的盐水中漂洗5～10分钟,捞出后将肝用薄膜包装机单独包装称重分级。若出售鲜肝,包装盒中需加碎冰。长期保存需在－18～－25℃条件下冷冻保存,一般可保存2～3个月。

(六)影响鹅肥肝生产的主要因素

1. 鹅肥肝的分级

(1)重量:肥肝重量在很大程度上反映了肥肝的价值。同等质量的肥肝,肥肝越重,等级越高。

(2)感官评定:主要是根据肥肝的色泽、组织结构、气味来分级。鹅肥肝分级标准见表6-2。

表6-2 鹅肥肝分级标准

项目	特级	一级	二级	三级	级外
重(克)	600	350～600	250～350	150～250	150以下
色泽	浅黄或粉红	浅黄或粉红	可较深	较深	暗红
形状与结构	良好无损伤	良好	一般	—	—

2. 影响鹅肥肝质量的因素

(1)品种:不同的品种及杂交组合产肝性能有很大差异。一般体形越大的品种,肝重越大。

(2)日龄:一般选择90~110日龄、个体发育成熟、体重适宜的仔鹅进行填饲较好。一般大、中型品种体重在5千克左右,小型品种宜在3千克以上。

(3)性别:性别对肝重的影响不是很大,在实际生产中,母鹅性情温和,易于育肥,但娇嫩,耐填饲性和抗病力较差,育成率低。育肥前应适当选择,淘汰弱小母鹅,提高整体产肝数量和质量。

(4)温度:填饲的最佳温度为10~15℃,最好不超过25℃。高温填饲,鹅消化能力差,容易引起消化不良等症,甚至引起死亡。但如温度低于0℃,饲料消耗增加,更不利于育肥。因此夏季高温不适于肥肝生产,春季和秋季最好。

二、鹅的活体拔毛技术

活拔羽绒是一项以生产羽绒为主的新的养鹅生产技术。鹅羽绒具有柔软、弹性好、保暖性强等特点,是制作羽绒服、羽绒被等高档防寒制品和制作各种工艺品和装饰品的好材料。我国水禽饲养量多,羽绒资源非常丰富。羽绒是我国传统的出口产品,至今已有100多年的历史。我国年产羽绒量10万吨以上,占世界羽绒贸易量的1/3以上,羽绒出口量居世界之首,是世界最大的羽绒生产国和出口国。目前国内、国际市场对优质羽绒的需求量较大,羽绒产品供不应求。然而我国传统的羽绒生产技术比较落后,我国的羽绒历来都是作为水禽屠宰后的副产品,采用屠宰后水烫褪毛,加工方法粗糙,造成羽绒质量低劣,严重影响经济效益。活拔羽绒是指利用人工技术拔取活鹅的羽绒。活拔羽绒改变了过去宰杀后才拔一次毛的习惯,是我国新兴起的羽绒生产技术。活拔羽绒技术,操作简单,便于在生产中推广使用,这对于充分利用我国丰富的鹅种资源,发展羽绒生产,提高养鹅经济效益,无疑是一条新的途径。

(一)鹅羽毛的生长规律

鹅与其他鸟类一样,除了喙、跖、蹼之外,整个表面覆盖有羽毛,是体温的绝缘体,也是机体的重要组成部分。对鹅的羽毛,人们为了区别于其他羽毛,习惯称之为"羽绒"。

鹅的羽毛形成于胚胎发育期,受精卵孵化8天以后,羽毛便开始形成,逐步形成雏羽(或称幼羽)。出壳后数天雏羽完全成熟,覆盖雏鹅的全身,但鹅表皮的毛囊和羽毛的迅速发育期是在3~8周龄期间。因为刚出壳的雏鹅其雏羽要经数次脱换,2周龄后,雏羽逐渐脱换为青年羽,8~12周龄期间,青年羽又逐渐脱换成成年羽。从雏鹅初生至12周龄,不仅机体要生长发育,还要频繁更换羽毛,所以应加强营养和管理。如果在此期间内,环境条件和营养状况不好,更换羽毛的过程就会延长,并且会影响羽绒质量和机体健康。成年羽在一般情况下,一年更换一次。人们所利用的就是成年羽,也就是人们常说的"羽绒"。

(二)影响羽绒产量和质量的因素

鹅羽绒的产量和质量,与许多因素有关。除了与其收取方式有关外,还有下列一些主要因素。

1. 气候　羽绒主要起调节体温的作用,其数量与质量随季节的不同而不同,实质上就是因气候变化而变化。冬季鹅的羽绒,数量较多,绒层较厚,含绒量较高,质量好。如果把冬季羽绒中纯绒含量作为100个单位,那么到夏季就减少到只有60~80个单位了。

2. 品种　鹅的品种不同,羽绒的产量和质量也不同。一般来说,体形越大,产羽绒越多。白羽品种鹅羽绒的质量,好于灰鹅品种。从出售价格来看,白色羽绒约比灰色羽绒高 20% 左右。

3. 饲养管理　在水、草、料丰盛时,鹅体生长发育正常,羽绒数量多、质量好,富有光泽;营养不足时,羽绒失去光泽,数量减少,质量降低;当营养缺乏时,甚至会大量掉毛,尤其是当饲料中缺乏维生素 A 时,羽毛粗乱,易被水浸湿。棚舍不干净,草屑、灰沙、粪尿会污染羽绒,时间一长,羽毛顶端变成深黄色,这种毛叫深黄头,质量明显下降。

4. 生长部位　不同部位的羽绒,其数量和质量也不同。据对 12 月龄皖西白鹅春季羽毛测试分析,在羽绒总质量中,胸部的占 18.07%,腹部的占 10.56%,背部的占 24.37%,腿部的占 4.68%;颈部的占 12.82%,翅尾大羽占 29.50%。在鹅体全部羽绒中,绒含量占 16.58%,各部位绒含量分别为胸部 25.05%,腹部 25.17%,背部 21.99%,腿部 25.54%,颈部 16.50%。公、母鹅各部位绒朵直径的长径(毫米):胸部分别为 28.65、25.87,腹部分别为 26.18、25.01,背部分别为 24.24、23.82,腿部分别为 25.08、20.75,颈部分别为 24.60、26.70。可见胸、腹、背、腿部绒朵的长径,公鹅大于母鹅,颈部则反之,母鹅大于公鹅。公、母鹅各部位绒朵直径的短径(毫米):胸部分别为 21.13、22.35,腹部分别为 19.73、21.56,背部分别为 18.53、19.20,腿部分别为 18.17、15.83,颈部分别为 18.56、21.70。可见胸、腹、背部、颈仍绒朵短径母鹅大于公鹅,而腿部是公鹅大于母鹅。

(三)羽绒的分类

1. 按羽毛结构分　一般分为正羽、绒羽、纤羽 3 种类型(图 6-1)。

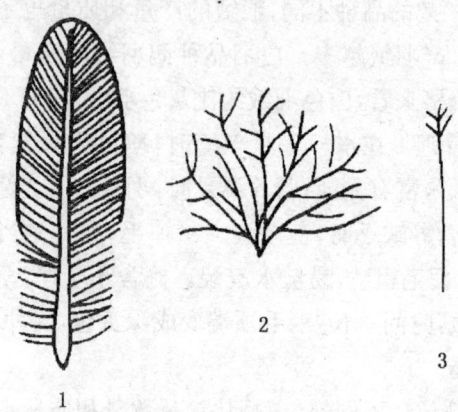

图 6-1 羽的分类
1. 正羽 2. 绒羽 3. 纤羽

(1)正羽:正羽是覆盖在体表绝大部分的羽毛,形状呈片状,分布于翼、尾、头、颈和躯干等部位。成熟的正羽又分为飞翔羽(含翅膀上的主翼羽和副翼羽)、尾羽和体羽。体羽生长在躯干、颈、腿等部位。正羽的结构形态包括羽轴和羽片两部分。

(2)绒羽:绒羽位于正羽下层,被正羽覆盖。绒羽在构造上与正羽有明显的区别,绒羽的羽茎短而细,羽枝较长,蓬松而柔软,呈放射性生长。绒羽的羽小枝没有小钩或小钩不明显,因此羽枝间互不勾连,看似一个绒核放射出的绒丝呈现朵状,故称绒朵。绒羽分布在胸、腹部,背部也有一定的分布。绒羽是构成商品羽绒的最主要成分,也是品质最优的羽毛。

(3)纤羽:纤羽纤细如毛,又称发羽,着生在羽内层无绒羽的部位。其特征是羽细而长,为单根存在的细羽枝或在羽轴的顶部有2~3根羽枝。

2. 按商业羽绒分　将羽毛分为毛片和绒子。

(1)毛片:毛片是羽绒加工厂和羽绒制品厂能够利用的正羽

(图6-2)。其特点是羽轴、羽片和羽根较柔软,两端相交后不折断。生长在胸、腹、肩、背、腿、颈部的正羽为毛片。

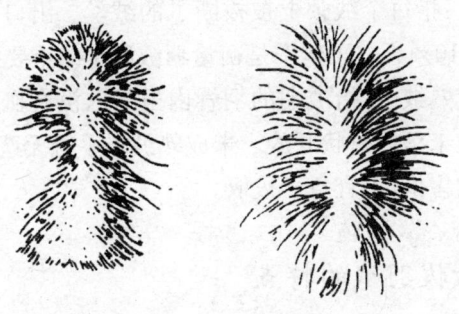

图6-2 毛片的形态

(2)朵绒:又称纯绒。其特点是羽根或不发达的羽茎呈点状,为一绒核,从绒核中放射出许多绒丝,形成朵状(图6-3)。朵绒是羽绒中品质最高的部分。

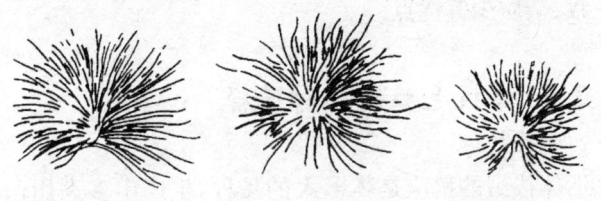

图6-3 朵绒的形态

(3)伞形绒:指未成熟或未长全的朵绒,绒丝尚未放射散开。

(4)毛形绒:指羽茎细而柔软,羽枝细密,具有羽小枝,羽小枝无钩,梢端呈丝状。

3. 劣质羽绒

(1)黑头:指白色羽绒中的异色羽绒。黑头混入白色羽绒中会大大降低羽绒的质量和价格。出口规定在白色羽绒中黑头要单独存放,不能与白色羽绒混装。

(2)飞丝:指每个绒朵上被拔断了的绒丝。出口规定,飞丝含量不能超过10%。故飞丝率是衡量羽绒质量的重要指标。

(3)未成熟绒子:指绒羽的羽管内虽然已没有血液,但绒朵尚未长成,绒丝未呈放射状开放。未成熟绒子手触无蓬松感,质量低于纯绒,影响售价,不宜急于拔取。

(四)活拔羽绒的特点

传统一次性宰杀湿拔毛采集的羽绒,由于经热水烫褪和干燥,破坏了羽绒中的脂质,弹性和蓬松度降低,容易混入异色羽毛、泥沙等杂质,且干燥过程中容易结块,保存时易发霉变质,导致品质下降,且不易分级,降低羽绒经济价值。活拔羽绒与传统一次性宰杀湿拔毛相比,则具有羽绒产量高、质量好、纯净柔软、蓬松度高、色泽一致、杂质少等优点。

(五)活体拔毛鹅的品种选择

供活体拔绒的鹅应是体形大的品种,生产中多利用白色鹅种拔绒,因为用白色羽绒作填充原料,不会产生"印花"现象,因而在市场上较为畅销,价格也比较高。灰色鹅种羽绒少,售价低,体形较小的鹅种产绒量少,活拔羽绒效益不高,因此不适合活体拔绒。

(六)活拔羽绒前的准备工作

1. 鹅体的准备　选择适于活体拔绒的鹅群,并对鹅进行检查,剔除发育不良、消瘦体弱的个体。拔毛的前几天抽查几只鹅,看看有无血管毛,如大多数羽毛的毛根已经干枯,用手试拔羽绒容易脱落,说明羽毛已经发育成熟,适于拔毛;否则需再饲养一段时间。拔绒前几天应让鹅多洗浴,清洗羽毛,如果鹅群羽毛较脏,应在拔毛前一天让鹅群下水洗浴或人工清洗,羽毛洗净后立即将鹅赶上岸,在干净、干燥的场地上让其晾干羽毛后再进行拔毛。拔毛前一天晚上要停止喂料喂水,以便排空粪便,防止在拔毛过程中排粪污染羽毛。

初次拔毛的鹅,为了消除紧张情绪,使皮肤松弛、毛囊扩张,易于拔毛,可在拔毛前10~15分钟给每只鹅灌服白酒、食醋10毫升(白酒和食醋的比例为1:3)。方法是用玻璃注射器套上胶管,将胶管插入食道上部,注入白酒、食醋。

2. 场地和设备准备 活体拔毛一般在室内进行,以免鹅绒被风吹走。拔毛前将场地打扫干净,无灰尘、无杂物。在地面铺一层干净的塑料薄膜,关好门窗。准备围栏及放羽绒的容器(可用纸箱或塑料桶及贮存羽绒用的布袋),消毒用的红药水或紫药水、脱药棉。还要准备工作人员的工作服、帽子、口罩等。

(七)活拔羽绒的方法

1. 活拔羽绒的部位 活拔羽绒需要的是绒子和长度6厘米以下的毛片,经济价值高。这些羽绒集中在胸部、腹部、腿部、肩部、背部、体侧、尾根部,是主要的拔绒部位,翼羽和尾羽不宜拔。

2. 活拔羽绒的操作方法

有两种方法:一种是毛绒齐拔,混合出售。此种方法简单易行,但分级困难,影响售价。另一种是毛绒分拔,先拔毛片,再拔绒朵,分级出售。

(1)鹅体的保定:操作人员坐在凳子上,用绳绑好鹅的双脚,将鹅头朝操作人员,背置于操作人员腿上用双脚夹住,然后开始拔羽。

(2)拔毛操作方法:正式拔毛前要先拔去黑头并剔除。拔毛的基本要领是:腹朝上,拔胸腹,指捏根,用力均,可顺逆,忌垂直,要耐心,少而快,按顺序,拔干净。

具体操作方法是:先从颈的下部、胸上部开始拔,顺序是胸部、腹部,从左到右,用拇指、食指和中指捏住羽绒的根部往下拔。拔时要有序地拔,一排一排、一撮一撮的拔,不要东拔一撮,西拔一撮。拔绒朵时,手指紧贴皮肤,捏住绒朵基部,以免拔断而成飞羽,降低羽绒质量。胸腹部的羽毛拔完后,再拔体侧、腿部、肩部和背部的羽毛。在操作过程中,拔羽方向顺拔和逆拔均可,但以顺拔为主,用力要均,迅猛快速,每次拔2~3羽,不能垂直拔或东拉西扯,以免撕裂皮肤。如有皮肤破损的,应立即用消毒药水涂抹消毒。

(八)羽绒的贮存

拔下的羽绒装入塑料袋后不要强压或搓揉,以保持自然状态和弹性。羽绒的包装采用双层包装,内衬有厚塑料袋,外套塑料编织袋或麻袋。包装时应轻拿轻放,装满装实后分层用细绳扎紧。羽绒要放在干燥、通风的室内贮存,注意防热、防潮、防霉、防蛀。

(九)活拔羽绒的时间与次数

活拔鹅羽绒可增加经济效益,但不是所有的鹅任何时期都可以活拔。一般鹅的新羽长齐需要45天左右,鹅的活体拔绒时间要安排在不影响产蛋和繁殖时期进行。按生长和生产阶段不同,适于活体拔绒的鹅有以下几种类型:

(1)后备种鹅:后备种鹅养到80~90日龄时,可首次拔毛,以后每隔40天左右拔毛1次,直到开产前2个月停止拔毛,一般可拔3~4次。

(2)休产期种鹅:休产期的种鹅在停产还没有换羽之前进行活体拔绒,可以拔毛3~4次。直到下次产蛋前1个月左右,以便鹅恢复体力,不影响繁殖。

(3)肥肝鹅:肉用仔鹅养至80~90日龄时羽毛刚长齐,体重不够大,不能用于填饲生产肥肝,需要再养一段时间,在这一阶段可拔毛1次,待新毛长齐后再填饲。若当时气候炎热,不能填饲,还可以继续拔毛1~2次,待天气凉爽后新毛长齐,再填饲生产肥肝。

(4)专用拔毛鹅:专用拔毛鹅(淘汰鹅),公母鹅均可常年连续拔毛6~7次。

(5)肉用鹅:肉用仔鹅养到80~90日龄,羽齐肉足,已可上市,一般不进行活体拔绒,因此时产毛量少,含绒量低,绒朵小,而且活拔绒会影响仔鹅的外观品质。但如果此时饲料丰富,仔鹅上市集中,价格不高,可以拔一次或几次羽绒,让仔鹅继续增膘,到价格较高时再出售,但应以不增加饲养成本为宜。

(十)活拔羽绒后饲养管理

活体拔绒对鹅体是一个很强的刺激,常会引起鹅生理机能的暂时紊乱。为保证鹅的健康,使其尽早恢复羽绒的生长,对拔绒后的鹅要加强管理。刚拔绒的鹅会出现不适应,表现为精神不佳、行走不稳、食欲不振、胆小怕人等现象,经2~3天就可恢复。拔绒后一周内不能放牧放水,切忌暴晒和雨淋。鹅舍内应干燥卫生,铺干净柔软的垫料,夏季防蚊虫叮咬,冬季要防寒保暖。拔绒后一周内的日粮应增加营养,保证蛋白质和维生素及微量元素的含量,以促进羽毛的生长。同时每天保证清洁饮水和优质青饲料自由采食。1周后新毛绒长出后可恢复放牧放水。

对少数皮肤损伤的鹅应单独饲养,用药物对患部进行消毒处理。拔毛后公、母鹅应分开饲养,防止交配。

第七章 鹅场建设与饲养设备

一、鹅场场址的选择与布局

鹅场的规划和建造应考虑鹅群生产性能的发挥和养鹅的经济效益,同时应考虑到有利于防疫,便于饲养管理,提高生产效率,节省投资等。

(一)鹅场场址的选择

场址应选在地势较高、干燥平坦、排水良好和向阳背风的地方。场址的选择要考虑有利于防疫,防止受到疫病和污染的威胁,要建在远离村镇及其他畜禽饲养场、屠宰加工场的开阔地带,最好不要在旧鹅场场址上扩建。对于广大农村养殖户来说,鹅场最好建在远离村庄的废地、荒地上,尽量不占用可耕地。不要建在村庄或院子里,以免给鹅场防疫和管理带来困难。当前,不少养殖业发达的地区,对农民搞养殖业从政策、资金、技术等方面给予大力支持。当地政府聘请专家对鹅场统一规划、设计,使鹅场建设更加科学、合理,避免了盲目建设和资金浪费,并有利于控制疫病,防止环境污染。这一经验值得养殖集中地区推广。

1. 水源　水源一定要充足,水质清洁并符合饮用水要求。鹅场可自打深井,使用前应对水质进行检验,大、中型鹅场应对饮水中的细菌和有害物质进行检测。放牧水源最好是流动水源、如河流、塘池、湖泊、小水库等。

2. 电力　电力在鹅场生产中非常重要,照明、饲料加工、通风、雏鹅舍供热都需要电。电力配备必须能满足生产需要,电力供应必须有保障。大型鹅场应有专门的供电线路或自备的发电设备,以防止因停电给生产带来损失。中、小型鹅场也应首先考虑到电力供应问题。

3. 交通　鹅场的交通运输条件要好,商品鹅场要求距主干道500米以上,距次级公路200米以上,路面要平整,雨后无泥泞。山区等交通不便利的地方,建场应考虑防止因大雨或大雪造成道路阻断,供应中断等问题。

4. 青绿饲料供应和放牧条件　鹅场建设地点,必须有较多或较大的可供放牧的草地,或者能方便地得到草源的地方。当然,即使具有广阔的草场,也应注意如何分区轮牧,或者改放牧为刈割喂饲,以保护草地资源。对缺乏天然草地的养鹅场,最好根据实际需要进行人工栽培牧草,同时努力提高牧草质量和数量,提高每公顷草地面积的养鹅量。

(二)鹅场内的布局

1. 生产区布局

鹅场可分为生产区和管理区。生产区通常包括鹅舍、鹅滩(陆上运动场)、水围(水上运动场)三部分。

(1)鹅舍:基本要求是向阳干燥,通风良好,能遮荫防晒,阻风挡雨,防止兽害。鹅舍的面积一般不要太大。一般生产鹅舍宽度为8~10米,长度根据需要来定,但最好控制在100米以内,便于管理和隔离消毒。舍内地面应比舍外高10~20厘米,以利于排水。一个大的鹅舍要分成若干小间,每个小间的形状以正方形或接近正方形为好,便于鹅群在室内转圈活动。绝不能将小间隔成长方形,因为长方形较狭长,鹅在舍内做转圈运动时,容易拥挤践踏致伤。

(2)鹅滩:鹅滩是水面与鹅舍之间的陆地部分,通常把它叫做鹅的"陆上运动场"。鹅在此吃食、梳理羽毛和昼间小憩。它的面积应为鹅舍面积的一半以上。其地面要求平整,略向水面倾斜,不允许坑坑洼洼,以免蓄积污水。鹅滩的大部分地方是泥土地面,只在连接水面的倾斜处,要用水泥沙石,做成倾斜的缓坡,坡度25°~30°。斜坡要深入水中,要低于枯水期的最低水位。鹅滩斜坡与水面连接处,必须用砖石砌好,保持排水良好,不应泥泞不堪。

(3)水围:鹅是水禽,必须有一定的水上运动场,即水围。鹅在水围内玩耍嬉戏、繁殖交尾等。水围的面积不应小于鹅滩。一般每100只鹅需要的水围面积为30~40平方米,随鹅的年龄增长而增加。考虑到枯水季节水面要缩小,故有条件的地方要尽可能围大一些。

2. 管理区布局 在管理区内设有办公室、宿舍、食堂、车库、锅炉房、配电室等。

管理部门因承担着对内进行生产管理、对外联系工作的任务,应靠近公路并设置大门,另一侧与生产区联系。

二、鹅舍建筑

鹅舍的建筑因鹅群的用途不同而分为育雏舍、育肥舍、种鹅舍及孵化室等几种。为降低养鹅成本,鹅舍的建筑材料应就地取材,可建成砖瓦顶或砖墙水泥瓦顶结构的标准鹅舍,也可建成竹木结构或泥水结构的简易鹅舍,还可用设计、建筑良好的塑料暖棚养鹅。养鹅只数不多时,可利用空闲的旧房舍,或在庭院内利用墙边围栏搭棚,供鹅栖息。其总体要求是能防寒保暖,通风良好,地面干燥,排水便利。

（一）育雏舍

育雏舍主要用于饲养 30 日龄以内的雏鹅，应以保温、干燥、通风、无贼风、易消毒为原则（图 7-1）。鹅舍内还应考虑有放置供温设备的地方或设置地火龙。鹅舍内育雏用的有效面积（即净面积）以每座鹅舍可容纳 500～1000 只鹅为宜。舍内分隔成几个圈栏，每一圈栏面积为 12～14 平方米，可容纳雏鹅 100 只。鹅舍地面用沙土或干净的黏土铺平，并打实；也可用方砖铺地或铺上水泥地面。舍内地面应比舍外地面高 20～30 厘米，以保持舍内干燥。育雏舍应有一定的采光面积，窗户面积与舍内地面面积之比为 1∶10～15，墙高 2 米左右。育雏舍前是雏鹅的运动场，也是晴天无风时的喂料场，场地应平坦且向外倾斜。由于雏鹅长到一定程度后，舍外活动时间逐渐增加，且早春季节常有阴雨，舍外场地易遭破坏，所以尤其应当注意场地的建筑和保养。一有坑洼，即应填平、夯实，否则易造成积水，鹅群践踏后会泥泞不堪，常导致雏鹅跌倒、踩伤。运动场宽度为 3～6 米，长度与鹅舍长度等齐。运动场外接水浴池，池底不宜太深，且应有一定坡度，便于雏鹅上下和浴后站立休息。

（二）育肥舍

以放牧为主的肥育鹅可不必专设育肥舍，由于育肥期鹅的体温调控能力比较强，在气温较温暖的地区和季节，可利用普通旧房舍或用竹木搭成能遮风雨的简易棚舍即可。这种棚舍应朝向东南，前高后低。为敞棚单坡式，前檐高约 2 米，后檐高约 0.5 米，进深 4～5 米，长度根据所养鹅群大小而定。用毛竹做立柱、横梁，上盖石棉瓦或水泥瓦。后檐砌砖或打泥墙，墙与后檐齐，以避北风。

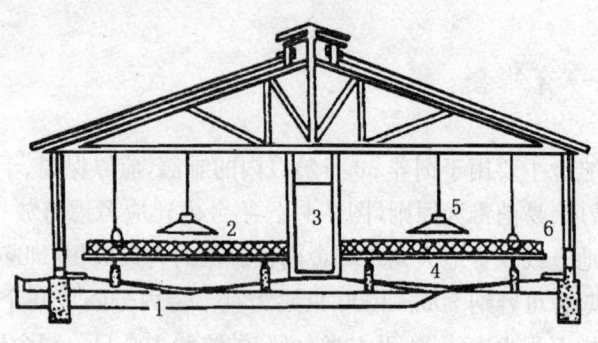

图 7-1 双列式网上育雏舍
1. 排水沟 2. 铁丝网 3. 门 4. 集粪池 5. 保温灯 6. 饮水器

前檐应有 0.5～0.6 米高的砖墙，4～5 米留一个宽为 1.0～1.3 米的缺口，便于鹅群进出。鹅舍两侧墙可砌到屋顶，也可仅砌与前檐一样高的砖墙。这种简易育肥舍也应有舍外场地，且与水面相连，便于鹅群入舍休息前的活动及戏水。为了安全，鹅舍周围可以架设旧渔网，渔网不应有较大的漏洞。鹅舍也应干燥、平整，便于打扫。每平方米可饲养 7～8 只 70 日龄的中鹅。

集中育肥舍多为竹木搭成的棚舍，上盖油毛毡、石棉瓦或水泥瓦等简易材料，高度以人在其间便于管理及打扫为度；南面可采用半开敞式即砌有半墙，也可不砌墙用全敞式。鹅舍长轴为东西走向，舍多为长方形，舍内成单列或双列式用竹条围成棚栏。这种棚栏可用竹子架高，离地 70 厘米，棚底竹片之间有 3 厘米宽的孔隙，便于漏粪。围栏高 0.6 米，竹条间距为 5～6 厘米，以利鹅伸出头来采食、饮水。竹围栏外南北两面分设水槽和食槽。水槽高 15 厘米，宽 20 厘米。食槽高 25 厘米，上宽 30 厘米，下宽 25 厘米。双列式围栏应在两列间留出通道，食槽则在通道两边。围栏内应隔成小栏，每栏 10～15 平方米，可容纳育肥鹅 70～90 只。也可不用棚架，鹅群直接养在地面上，但需每天打扫，常更换垫草，并保持舍内干燥。

(三)种鹅舍

北方鹅舍屋槽高度为1.8~2.0米,以利保暖,南方则应提高到3米以上,以利通风散热,窗户面积与舍内地面面积的比为1:10~20。舍内地面为砖地、水泥地或三合土地,舍内地面比舍外高出15~20厘米,以利排水,防止舍内积水。鹅舍的一角设产蛋间,地面最好铺木板,防凉,上面铺稻草,给鹅作窝产蛋。种鹅舍四面最好围上铁丝网,以保证无鼠害或其他小型野生动物偷蛋或惊扰鹅群。种鹅舍外设陆地运动场和水浴池。运动场面积为舍内面积的1.5~2倍。周围要建围栏或围墙,一般高度在1~1.5米即可。

三、养鹅设备及用具

(一)保温育雏设备

1. 煤炉 多用于地面育雏或笼育雏时的室内加温设施,保温性能较好的育雏舍每15~20平方米放一只煤炉。煤炉内部结构因用煤不同而有一定差异(图7-2)。

2. 保姆伞及围栏 保姆伞有折叠式和不可折叠两种,不可折叠式又分方形、长方形及圆形等形状。伞内热源有红外线灯、电热丝、煤气燃料等,采用自动调节温度装置。

折叠式保姆伞(图7-3),适用于网上育雏和地面育雏。伞内用陶瓷远红外线加热,寿命长。伞面用涂塑尼龙丝纺成,保温耐用。伞上装有电子自动控温装置,省电,育雏率高。

不可折叠式方形保姆伞,长宽各为1~1.1米,高70厘米,向上倾斜45°角(图7-4),一般可用于150~200只雏鸡的保温。

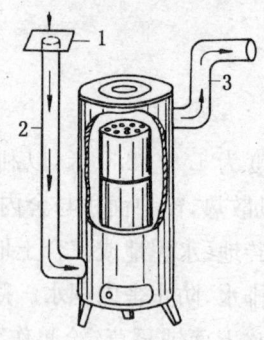

图 7-2　煤饼炉保温示意图
1. 玻璃盖　2. 进气孔　3. 出气孔

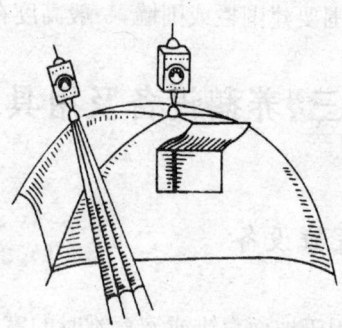

图 7-3　折叠式保温伞

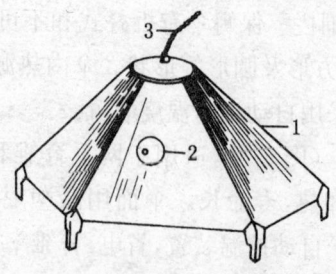

图 7-4　方形电热育雏伞
1. 保温伞　2. 调节器　3. 电热线

一般在保姆伞外围还要用围栏,以防止雏鸡远离热源而受冷,热源离围栏75～90厘米。雏鹅3日龄后逐渐向外扩大,10日龄后撤离。

3. 红外线灯　红外线灯有亮光和没有亮光两种。目前,生产中用的大部分是有亮光的,每只红外线灯为250～500瓦,灯泡悬挂离地面40～60厘米处。离地的高度应根据育雏需要的温度进行调节(图7-5)。通常3～4只为一组,轮流使用,饲料槽(桶)和饮水器不宜放在灯下,每只灯可保温雏鸡100～120只。

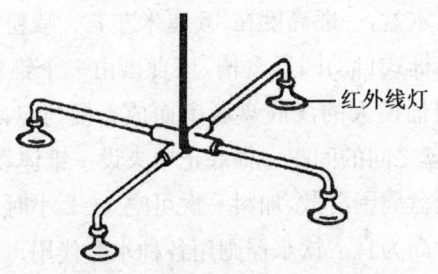

图7-5　红外线保温灯布置示意图

(二)喂料、饮水设备

应根据鹅的品种类型和不同日龄的雏鹅,配以大小和高度适当的喂料器(图7-6)和饮水器(图7-7),要求所用喂料器和饮水器适合鹅的平喙型采食、饮水特点,能使鹅头颈舒适地伸入器内采食和饮水,但最好不要使鹅任意进入饲料、饮水容器内,以免弄脏饲料、饮水,还要便于拆卸、清洗、消毒。其规格和形式可因地而异,既可购置专用饲料、饮水器,也可自行制作,还可以用木盆、瓦盆、塑料盆或旧轮胎代用。用于雏鹅的料盆、水盆,必须在盆上方加盖罩子(用竹条或粗铁丝编织制成)。雏鹅饮水器也常用塔形真空饮水器,它由一个上部呈馒头形或尖顶的圆桶,与下面的一个圆盘组成。圆桶顶部和侧壁不漏气,基部离底盘高 2.5 厘米处开 1～2 个小圆孔,圆桶盛满水后,当底盘内水位低于小圆孔时,空气由小圆孔进入桶内,水就会自动流到底盘;当盘内水位高出小圆孔时,空气进不去,水就流不出来。这种饮水器结构简单,使用方便,便于清洗消毒。它可用镀锌铁皮、塑料等制成。农村专业户则就地取材,用大口玻璃瓶或陶钵制造的简易饮水器也很适用。一般 40 日龄以上鹅所用的喂料盆和饮水盆可不用加盖围罩,盆高宜与鹅背高度相同。育肥鹅、育成鹅和种鹅的喂料器可用木板或水泥制成的长食槽或圆木盆,一般高度在 15 厘米左右。喂粉料和颗粒饲料时也可使用吊桶式自动圆形食槽,该食槽由一个锥状无底圆桶和一个直径比圆桶稍大的浅底盘联串而成。桶与盘之间用短链相连,可调节桶盘之间的间距。桶底正中央设一锥体物,以便于饲料自上而下向浅盘周围滑散,加料一次可吃 1～2 小时。悬挂高度以底盘高于鹅背高为宜。饮水器则用各种水盆代用。

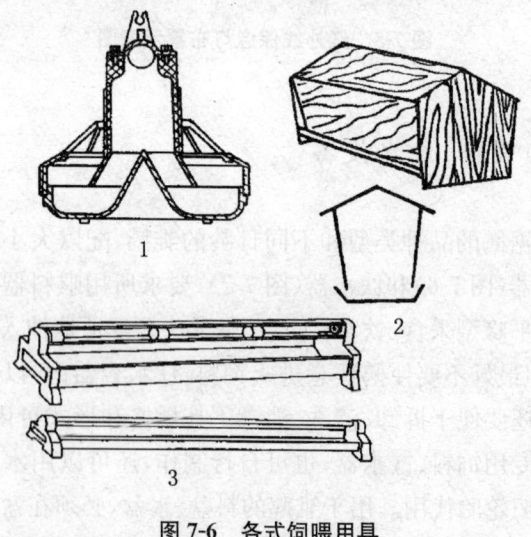

图 7-6　各式饲喂用具
1. 料桶　2. 料箱　3. 食槽

第七章 鹅场建设与饲养设备 · 185 ·

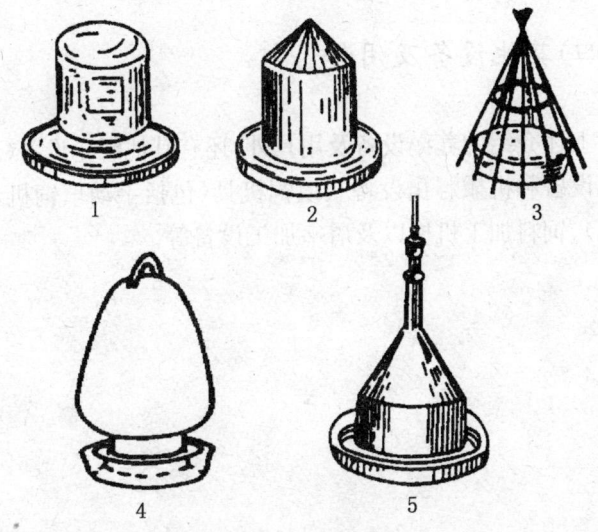

图 7-7 各式饮水器
1. 广口瓶加碟子 2. 铁皮饮水器 3. 陶体加竹圈
4. 塑料饮水器 5. 吊塔式自动饮水器

（三）产蛋巢或产蛋箱

一般生产鹅场多采用开放式产蛋巢，即在鹅舍一角用围栏隔开，地上铺以垫草，让鹅自由进入产蛋。种鹅场如作母鹅个体产蛋记录，可采用自动关闭产蛋箱，箱高 50～70 厘米，宽 50 厘米，深 70 厘米。箱放在地上，箱底不必钉板，箱上面安装盖板，箱前板设一个活动自闭小门，让母鹅可进箱产蛋，母鹅进入产蛋箱后不能自由离开，需集蛋者在记录后，再将母鹅提出或打开门放出鹅。

(四)其他设备及用具

除上述介绍的养鹅设备及用具外,还有其他孵化设备(包括传统孵化设备和机械孵化设备)、填饲机具(包括手动填饲机和电动填饲机)、饲料加工机械以及屠宰加工设备等。

第八章　养鹅常见病及防治

一、鹅病的预防与投药方法

(一)预防鹅病的综合措施

在养鹅过程中,常常会发生各种疾病,特别是某些烈性传染病,严重地影响着鹅群的健康。因此,在发展养鹅生产的同时,鹅场必须首先要做好鹅病的预防工作。

1. 鹅场选址要符合防疫要求

(1)鹅场的场址应背风向阳,地势高燥,水源充足,排水方便。

(2)鹅场的位置要远离村镇、机关、学校、工厂和居民区,与铁路、公路干线、运输河道也要有一定距离。

2. 对饲养人员和车辆要进行严格消毒,切断外来传染源

(1)鹅场出入口大门应设置消毒池,池深约30厘米,宽约4米,长度要达到汽车轮胎能在池内转到一周,池内消毒液可用2%火碱或3%来苏儿水。要注意定期更换消毒液,以使其保持杀菌能力。

(2)鹅舍出入口也应设置消毒设施,饲养人员出入鹅舍要消毒。

(3)外来人员一定要严格消毒后方可进入场区。

(4)鹅舍一切用具不得串换使用,饲养人员不得随意到本职以

外的鹅舍。凡进入鹅舍的人员一定要更换工作服。

(5)周转蛋箱一般要用2%火碱水浸泡消毒后,再用清水冲洗。装料袋最好本场专用,不能互相串换,以防带入病原。

3. 建立场内兽医卫生制度

(1)不得把后备鹅群或新购入的鹅群与成年鹅群混养,以防止疫病接力传染。

(2)食槽、水槽要保持清洁卫生,定期清洗消毒。粪便要定期清除。

(3)鹅转群前或鹅舍进鹅前要对鹅舍和用具进行彻底消毒。

(4)定期对鹅群进行计划免疫和药物防病,要定期进行驱虫,疫苗接种是防止某些传染病发生的可靠措施,在接种时要查看疫苗的有效期、接种方法及剂量等。预防性用药是根据某些病的发病规律提前用药,应注意各种抗菌类药物交替作用,以防病原菌产生抗药性。

(5)养鹅场要重视和做好除鼠、防蚊、灭蝇工作。

4. 加强鹅群的饲养管理,提高鹅的抗病能力

(1)选择优质的雏鹅。若从外场购进雏鹅,在准备进鹅前要了解所购雏鹅的种鹅场的建筑水平、饲养管理水平以及孵化水平,特别是种鹅场的卫生管理、种鹅的饲料营养和消毒情况对雏鹅的健康影响较大。优质雏鹅抗病力强,育雏成活率高。

(2)供给全价饲粮。饲粮的营养水平不仅影响鹅的生产能力,而且缺乏某些成分可发生相应的缺乏症,所以要从正规的饲料厂购买饲料,贮存时注意时间不要过长,并防止霉变和结块。在自配饲粮时,要注意原料的质量,避免饲粮配方与实际应用相脱节。

(3)给予适宜的环境温度。适宜的环境温度有利于提高鹅群的生产能力。如果温度过高或过低,都会影响鹅群的健康,冷热不定很容易导致鹅群患呼吸系统疾病。

(4)维持良好的通风换气条件。鹅舍内的粪便及残存的饲料

受细菌的作用可产生大量的氨气,加上鹅呼吸排出的气体对鹅是很有害的。特别是氨气一旦达到使人感觉不适甚至流泪的程度,可导致鹅呼吸道黏膜损伤而发生细菌和病毒感染。要减少鹅舍内的有害气体,一方面可采取在不突然降低温度的情况下开窗或排风扇排气,另一方面要保持地面干燥卫生,减少氨气的产生。

(5)保持合理的饲养密度。密度过大可造成鹅群拥挤和空气中有害气体增多,鹅群易患球虫病、大肠杆菌病及呼吸道疾病等。

(6)尽力减少鹅群应激反应。过大的声音、转群、药物注射以及饲养人员的穿戴和举止异常等均可造成鹅群应激。

5. 建立兽医疫情处理制度

(1)兽医防疫人员每天要深入鹅舍观察鹅群,有疫情要立即诊断。

(2)发现传染病时,对病鹅要隔离,对死鹅要深埋或烧毁。对一些烈性传染病,应及时报告上级兽医机关,并封锁鹅场,进行紧急接种,直至最后一只病鹅死亡半月后不再有病鹅出现,方可报告上级部门解除封锁。

(3)对污染的鹅舍和用具要进行消毒处理,鹅的粪便需要堆积发酵后方可运出场外。

(二)鹅的给药方法

在养鹅生产中,为了促进鹅群生长、预防和治疗某些疾病,经常需要进行投药。鹅的投药方法很多,大体上可分为三类,即全群投药法、个体给药法和种蛋及鹅胚给药法。

1. 全群投药法

(1)混水给药:混水给药就是将药物溶解于水中,让鹅自由饮用。此法常用于预防和治疗鹅病,尤其是适用于已患病、采食量明显减少而饮水状况较好的鹅群。投喂的药物应该是较易溶于水的药片、药粉和药液,如葡萄糖、高锰酸钾、四环素、卡那霉素、北里霉素、磺胺二甲基嘧啶、亚硒酸钠等。

(2)混料给药:混料给药就是将药物均匀混入饲料中,让鹅吃料时能同时吃进药物。此法简便易行,切实可靠,适用于长期投药,是养鹅中最常用的投药方式。适用于混料的药物比较多,尤其对一些不溶于水而且适口性差的药物,采用此法投药更为恰当,如土霉素、复方新诺明、氯苯胍、微量元素、多种维生素、鱼肝油等。

(3)气雾给药:气雾给药是指让鹅只通过呼吸道吸入或作用于皮肤黏膜的一种给药方法。这里只介绍通过呼吸道吸入方式。由于鹅肺泡面积很大,并具有丰富的毛细血管,因而应用此法给药时,药物吸收快,作用出现迅速,不仅能起到局部作用,也能经肺部吸收后对全身起作用。

(4)外用给药:此法多用于鹅的外表,以杀灭体外寄生虫或微生物,也常用于消毒鹅舍、周围环境和用具等。

2. 个体给药法

(1)口服法:凡水剂、片剂、丸剂、胶囊及粉剂都可采用此给药法。具体可采取以下方法:即用左手食指伸入禽的舌基部,将舌尽量拉出,并与拇指配合将舌固定在下腭上,右手即将药物投入,此法适用于片剂、丸剂、胶囊及粉剂。也可用左手抓住鹅头部皮肤使之向后仰,当喙张开时,右手将药物投入(图8-1),此法较适用于剂量较少的水剂药物。对剂量较大的水剂,可用细塑料管插入食管后,另一头装上吸有药液的注射器,慢慢推入食管内。

口服法的优点是给药剂量准确,并能让每只鹅都服入药物。但是,此法花费人工较多,而且较注射给药吸收慢。

(2)静脉注射法:此法可将药物直接送入血液循环中,因而药效发挥迅速,适用于急性严重病例和对药量要求准确及药效要求迅速的病例。另外,需要注射某些刺激性药物及高渗溶液时,也必须采用此法,如注射氯化钙。

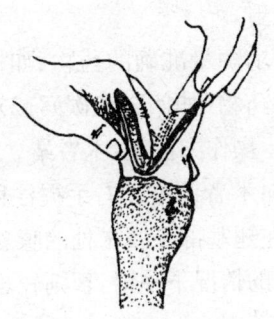

图 8-1　口服给药法

静脉注射的部位是翼下静脉基部。其方法是：助手用左手抱定鹅，右手拉开翅膀，让腹面朝上。术者左手压住静脉，使血管充血，右手握好注射器将针头刺入静脉后顺好，见回血后放开左手，把药液缓缓注入即可。

(3) 肌肉注射法：肌肉注射法的优点是药物吸收速度较快，药物作用也比较稳定。肌肉注射的部位有翼根内侧肌肉、胸部肌肉和腿部外侧肌肉。

①胸肌注射：术者左手抓住鹅两翼根部，使鹅体翻转，腹部朝上，头朝术者左前方。右手持注射器，由鹅后方向前，并与鹅腹面保持 45°角，插入鹅胸部偏左侧或偏右侧的肌肉 1~2 厘米（深度依鹅龄大小而定），即可注射。胸肌注射法要注意针头应斜刺肌肉内，不得垂直深刺，否则会损伤肝脏造成出血死亡。

②翼肌注射：如为大鹅，则将其一侧翅向外移动，即露出翼根内侧肌肉。如为幼雏，可将鹅体用左手捉住，一侧翅翼夹在食指与中指中间，并用拇指将其头部轻压，右手握注射器即可将药物注入该部肌肉。

③腿肌注射：一般需有人保定或术者呈坐姿，左脚将鹅两翅踩住，左手食、中、拇指固定鹅的小腿（中指托，拇、食指压），右手握注

射器即可进行肌肉注射。

（4）嗉囊注射：要求药量准确的药物（如抗体内寄生虫药物），或对口咽有刺激性的药物（如四氯化碳），或对有暂时性吞咽障碍的病鹅，多采用此法。操作方法是：术者站立，左手提起鹅的两翅，使其身体下垂，头朝向术者前方。右手握注射器针头由上向下刺入鹅的颈部右侧、离左翅基部1厘米处的嗉囊内，即可注射。最好在嗉囊内有一些食物的情况下注射，否则较难操作。

3. 种蛋及鹅胚给药法

此种给药法常用于种蛋的消毒和预防各种疾病，也可治疗胚胎病。常用的方法有下列几种：

（1）熏蒸法：将经过洗涤或喷雾消毒的种蛋放入罩内、室内或孵化器内，并内置药物（药物的用量根据每立方米体积计算），然后关闭室内门窗或孵化器的进出气孔和鼓风机，熏蒸半小时后方可进行孵化。

（2）浸泡法：即将种蛋置于一定浓度的药液中浸泡3～5分钟，以便杀灭种蛋表面的微生物。用于种蛋浸泡消毒的药物主要有高锰酸钾、呋喃西林及碘溶液等。

（3）注射法：可将药物通过种蛋的气室注入蛋白内，如注射庆大霉素。也可直接注入卵黄囊内，如注射泰乐菌素。还可将药物注入或滴入蛋壳膜的内层，如注射或滴入维生素B_1。

二、鹅的病毒性传染病

（一）禽流感

禽流感是由A型流感病毒引起的家禽和野禽的一种从呼吸病到严重性败血症等多种症状的综合病症。感染后雏鹅发病可高达100%，死亡率达95%。大日龄鹅及种鹅发病率也较高，死亡率40%~80%。

【流行特点】 各种家禽和野禽均可感染，以鸡和火鸡及某些野禽的易感性较强，带毒的野禽、鸽、鸭、鹅等是本病的重要传染源，带毒的候鸟可使本病呈世界性传播。一年四季均可发生，但以冬春季为主要流行季节。各种日龄和各品种的鹅群均具有高度易感性。雏鹅的发病率可高达100%，死亡率也可达到95%以上，其他日龄的鹅群发病率一般为80%~100%，死亡率为60%~80%，产蛋鹅群发病率近100%，死亡率为40%~80%。

【临床症状】 鹅常突然发病，体温升高，食欲减退或废绝，仅饮水。拉白色或带淡黄绿色水样稀粪，羽毛松乱，身体倦缩，精神沉郁，昏睡，反应迟钝。部分患鹅曲颈斜头，有神经症状，尤其是雏鹅比较明显。多数患鹅站立不稳，后退倒地。部分患鹅头颈部肿大，皮下水肿，眼睛潮红或出血，眼睛四周羽毛贴着黑褐色的眼眶，呈戴眼镜样，严重者瞎眼，也有的病鹅鼻孔流血。种鹅发病症状稍轻，产蛋率急剧下降，3~5周后又缓慢上升，破蛋、畸形蛋增多，种蛋的受精率和孵化率降低。患病未死的母鹅一般在1~15个月后才能恢复产蛋。

【病理变化】 大多数患鹅皮肤毛孔充血、出血，全身皮下和脂肪出血；肿头病例，下颌部皮下水肿，显淡黄色或淡绿色胶样液体；眼结膜出血、瞬膜充血、出血；颈上部皮下和肌肉出血；鼻腔黏膜水肿、充血、出血，腔内充满血样黏液性分泌物；喉头黏膜有不同程度出血，大多数病例有绿豆或黄豆大凝血块，气管黏膜有点状出血。脑壳和脑膜严重出血，脑组织充血、出血；胸腺水肿，脾稍肿大，淤血；肝脏肿大，淤血、出血，部分病例肝小叶间质增宽；肾脏稍肿大，充血；胰腺有出血斑和坏死灶，或液化状；胸壁有淡黄色胶样物；腺胃黏性分泌物较多，部分病例黏膜出血；肠黏膜局灶性出血斑或出血块，或有出血性溃疡病灶，直肠后段黏膜出血；多数病例心肌有灰白色坏死斑和肺淤血、出血;产蛋母鹅卵泡破裂于腹腔中,卵泡膜充血、出血斑、变形,输卵管浆膜充血、出血,腔内有凝固蛋白;病程较长患病母鹅卵巢中的卵泡萎缩,卵泡膜充血、出血或变形,显紫葡萄状卵巢;患病雏鹅法氏囊黏膜出血。

【防治措施】

(1)禁止从疫区引种,从源头上控制本病的发生。正常的引种要做好隔离检疫工作,最好对引进的种鹅群抽血,做血清学检查,淘汰阳性个体;无条件的也要对引进的种鹅隔离观察5～7天,淘汰盲眼、红眼、精神不振、步态不正常、排绿色粪便的个体。

(2)鹅群接种禽流感灭活疫苗。种鹅群每年春秋季各接种1次,每次每只接种2～3毫升;仔鹅10～15日龄每只首免接种0.5毫升,25～30日龄每只再接种1～2毫升,可取得良好的效果。

(3)避免鹅、鸭、鸡混养和串栏。禽流感可种间传播,应引起注意。

(4)栏舍、场地、水上运动场、用具、孵化设备要定期消毒,保持清洁卫生。水上运动场以流动水最好。水塘、场地可用生石灰消毒,平时隔15天消毒1次,有疫情时隔7天消毒1次;用具、孵化设备可用福尔马林熏蒸消毒或百毒杀喷雾消毒;产蛋房的垫料要常换、消毒。

(5)种鹅群和肉鹅群分开饲养。场地、水上运动场、用具都应相对独立使用。肉鹅饲养实行全进全出制度,出栏后空栏要消毒和净化15天以上。

(6)一旦受到疫情威胁或发现可疑病例,应立即上报相关兽医部门,立刻采取有效措施防止扩散,包括及时准确诊断病例及隔离、封锁、销毁、消毒、紧急接种、预防投药等。

(二)小鹅瘟

小鹅瘟是由鹅细小病毒引起的、主要侵害30日龄以内雏鹅和雏番鸭的一种急性、高度接触性、败血性传染病,传染性强且死亡率高。雏鹅以全身急性败血病变和渗出液或伪膜性肠炎、心肌炎为特征。致病性强,死亡率高。

【流行特点】 在自然条件下,本病仅发生于雏鹅和雏番鸭,其他禽类和哺乳动物都不感染,10日龄以内雏鹅的发病率和死亡率常高达95%~100%,15日龄以上的雏鹅的发病率和死亡率有所下降,40日龄以上的只有个别发病死亡。成年鹅可感染而不表现临床症状。因此,带毒鹅和病鹅的粪便及分泌物是主要的传染源。本病一年四季均可发生,在高度密集的孵化地区,常呈现一定的周期性,一次流行之后,往往间隔1~2年后或更长时间才会发生流行。

感染的病鹅或番鸭可通过消化道和呼吸道排出大量病毒,再经直接和间接接触导致本病迅速传播。本病毒可垂直传播。成年鹅常呈亚临床感染,或成为隐性感染者、病毒携带者或通过鹅蛋将病毒传给易感的雏鹅。

本病发病率和死亡率同雏鹅日龄有密切关系。最早雏鹅发病日龄为2~5天,常在2~3天内传播至全群;7~10日龄发病率和死亡率最高,可达90%~100%;11~15日龄雏鹅死亡率为50%~70%;16~20日龄雏鹅死亡率为30%~50%;21~30日龄为10%~30%;30日龄以上为10%左右。

【临床症状】 本病的潜伏期和病程依据感染时的年龄而定。1日龄感染者为3~5天,2~3周龄感染者为5~10天;其病程可分为最急性、急性和亚急性等病型。病鹅表现为精神委顿、昏睡、食欲废绝,个别病鹅采食后将吃进去的料甩出,不愿运动,常常独蹲一隅;排出灰白色或者淡黄色稀粪便,混有气泡,肛门外突,周围被毛潮湿并有污染物。临死前出现两腿麻痹或者抽搐症状。

【病理变化】 本病的特征性病变是空肠和回肠的急性卡他性-纤维素性坏死性肠炎,整片肠黏膜坏死、脱落,与凝固的纤维素性渗出物形成栓子或包裹在肠内容物表面形成假膜,堵塞肠腔。剖检时可见靠近卵黄与回盲部的肠段外观极度膨大,质地坚实,长2～5厘米,状如香肠,肠管被浅灰或淡黄色的栓子塞满。脑膜及脑实质血管充血并有小出血灶,神经细胞变性,严重病例出现小坏死灶,胶质细胞增生。

【防治措施】 本病的特异性防治有赖于被动免疫和主动免疫。在疫病流行区域,雏鹅出壳后立即皮下注射高免血清和卵黄抗体,可预防或控制本病的发生。在有本病流行的区域应用疫苗免疫种鹅,是预防本病有效而经济的方法。因本病主要通过孵化场传播,故一切设备用具在每次使用前后都必须进行彻底消毒,种蛋也应做消毒处理,一经发现孵化场感染鹅细小病毒,则应立即停止孵化。严禁从疫区购买种蛋、种鹅、雏鹅,尽量做到自繁自养,出壳雏鹅不宜与种蛋或大鹅接触,控制和预防孵化场传播。鹅舍应经常打扫、定期消毒,加强雏鹅的饲养管理。做到预防为主,综合防治。

(三)鹅副黏性病毒病

鹅副黏性病毒病是近年来在全国大部分地区流行的一种由鹅源禽Ⅰ型副黏病毒引起的鹅的烈性传染病,发病率和死亡率较高。

【流行特点】 各种年龄的鹅对鹅副黏病毒均具有易感性,年龄越小发病率和死亡率越高,但主要发生在15～60日龄的雏鹅。15日龄以下雏鹅感染后,发病率和致死率在90%以上,10日龄以下鹅则发病率和致死率都达100%。随日龄的增长,发病率和死亡率下降。不同品种的鹅均能发病,自然条件下潜伏期为3～5天。该病无季节性,一年四季均可发生,常引起地方性流行。产蛋种鹅除发病死亡外,产蛋率明显下降。发生该病的鹅群,其附近尚未接种疫苗的鸡也可感染发病死亡。本病通过不同的感染途径都可感染,如点眼、滴鼻、口服、肌注、皮下注射等都可使鹅100%发病,但死亡率不同。本病的临床症状和病理变化主要以消化系统、呼吸系统、免疫系统和神经系统的症状和病变为特征,且自然病例与人工感染病例基本一致。

【临床症状】 病鹅初期大多表现精神不振,采食、饮水减少,有时勉强采食或饮水又随即甩头吐出;拉白色稀粪或水样腹泻,部分病鹅时常甩头,并发出"咕咕"的咳嗽声。随后,粪便呈水样黄色或绿色,病鹅严重脱水、消瘦,双翅下垂,双腿无力,蹲伏地上,不愿行走。后期有扭颈、转圈、仰头等神经症状,病鹅极度衰弱,浑身打战,眼睛流泪,眼眶及周围羽毛被泪水浸湿,有时鼻孔流出清亮水样液体,头颈颤抖,呼吸困难,喙与掌部发紫等,多数在发病后3～5天死亡,也有少数急性发病鹅无明显症状而在1～2天内死亡。

【病理变化】 病鹅各组织器官广泛出现病变,其中消化器官和免疫器官的病变尤为严重,病鹅皮肤淤血。从食道末端至泄殖腔的整个消化道黏膜都有不同程度的充血、出血和坏死等病变。最具特征的消化道病变是在食道末端腺胃及与之相连的肌胃起始端黏膜肿胀、糜烂,极易剥离;食道黏膜特别是下端有散在的芝麻大小、灰白色或淡黄色结痂,易剥离,剥离后可见斑或溃疡;十二指肠、空肠、回肠黏膜有散在或弥漫性、淡黄色或灰白色纤维素性结痂,结肠黏膜有弥漫性、淡黄色或灰白色芝麻大至小蚕豆大的纤维素性结痂,剥离后呈现出血面或溃疡面,盲肠扁桃体肿大;盲肠黏膜纤维素性结痂;直肠黏膜和泄殖腔黏膜有弥漫性大小不一、淡黄色或灰白色纤维性结痂。胰腺、脾脏表现严重的坏死病变,在表面和切面上可见大量大小不等的白色坏死灶,脾肿大,有芝麻粒至绿豆粒大灰白色坏死灶。胰腺肿大,有灰白色坏死灶。呼吸道的特征性病变是气管环出血,整个肺出血,肺部有针尖或粟粒大甚至黄豆大的淡黄色结节,颇似鹅曲霉病的病肺结节。其他脏器病变较轻,肝脏轻度淤血肿大,胸腺、哈氏腺偶见出血;大脑、小脑有时充血、水肿;肾脏肿大、色淡,输尿管扩张,充满白色尿酸盐。

【防治措施】 本病目前尚无特效治疗药物,应坚持预防为主的原则,及早接种疫苗。

(1)一般不要从疫区引进雏鹅,必须引种时应给雏鹅注射鹅副黏病毒油乳剂灭活苗,每只0.3毫升,15日龄以上,每只0.5毫升。并切实做好引种鹅群的隔离消毒工作。

(2)平时应加强鹅群的饲养管理,调整鹅群的饲养密度,注意搞好环境卫生,经常消毒鹅舍及用具,对已发病鹅群,全场清除粪便、污物、彻底消毒,对病死鹅要作深埋处理。

(3)种鹅群至少应经4次灭活苗免疫。第1次免疫,在7~15日龄用Ⅰ号剂型,每只雏鹅皮下注射0.5毫升;第2次免疫,在第1次免疫后2个月内用Ⅰ号剂型,每只鹅皮下或肌肉注射0.5毫升;第3次免疫,在产蛋前15天左右用Ⅰ号剂型,每鹅肌肉注射1.0毫升;第4次免疫,在第3次免疫2个月后用Ⅱ号剂型,每只鹅肌肉注射1.0毫升。经4次灭活苗免疫后,种鹅群在整个饲养期内能比较有效地预防本病的发生。

(4)种鹅经免疫的雏鹅群,第1次免疫,在15日龄左右用Ⅰ号剂型灭活苗免疫,每雏皮下注射0.5毫升;第2次免疫,在第1次免疫后2个月内进行,每鹅肌肉注射0.5毫升。种鹅未经免疫或无母源抗体的雏鹅群,第1次免疫应在2~7日龄或10~15日龄用Ⅰ号剂型灭活苗免疫,每雏皮下注射0.5毫升;第2次免疫,在第1次免疫后2个月内进行,每鹅肌肉注射0.5毫升。

(四)雏鹅病毒性肝炎

雏鹅病毒性肝炎是由呼肠孤病毒所致的一种小鹅疫病,其主要特征是病鹅肝、脾、肾、胰等器官有坏死灶。

【流行特点】 雏鹅病毒性肝炎发生于1周龄至10周龄的雏鹅和仔鹅。最早发生于10日龄左右雏鹅,最晚发生于10周龄仔鹅,多发生于2~4周龄雏鹅。发病率和死亡率与日龄有密切的关系,差异很大。日龄越小,发病率越高,3周龄以内雏鹅感染后死亡率最高,而7~10周龄仔鹅感染后,死亡率低。一般多表现为运动失调、跛行等症状。本病潜伏期与鹅易感日龄有关,易感日龄雏鹅人工感染一般潜伏期为5~7天。病毒既可水平传播,也可垂直传播。

【临床症状】 患病雏鹅精神委顿,食欲大减或废绝,绒毛松乱无光泽,喙和蹼色淡苍白,体弱,消瘦,行动缓慢,腹泻。患病耐过鹅常出现跛行,跗关节、跖关节、趾关节、脚和趾屈肌腱等部位肿胀。

【病理变化】 雏鹅急性病例主要病变为弥漫性的出血性坏死性肝炎,肝脏有散在性或弥漫性大小不一的紫红色或鲜红色出血斑和淡黄色或灰黄色坏死斑,小如针头大,大如绿豆大。脾脏稍肿大,质地较硬,并有大小不一的坏死灶。胰腺肿大、出血,并有散在性坏死灶。肾脏肿大,充血,出血,有弥漫性针头大的灰白色坏死灶。心内膜有出血点。肠道黏膜和肌胃肌层有鲜红出血斑。胆囊肿大,充满胆汁。脑壳严重充血,脑组织充血。肺充血。肿胀的关节腔内有纤维蛋白渗出液。有的病例腓肠肌腱区有出血。

慢性病例,内脏器官的病变大大减轻或没有病变,肿胀关节腔有纤维素性渗出物。

【防治措施】

（1）种鹅防疫应在产蛋前15天左右应用油乳剂灭活苗进行免疫，免疫后15天已产生较高抗体，一方面可消除垂直传播的危险，另一方面使其子代具有较高滴度的母源抗体，可免受早期感染。

（2）雏鹅防疫：种鹅免疫的雏鹅，在10日龄左右用油乳剂灭活苗或灭活苗进行免疫。未免疫种鹅的雏鹅，在7日龄以内用油乳剂灭活苗或灭活苗进行免疫。

（3）紧急防疫：应用高免疫抗血清进行紧急注射，同时也可注射油苗或数天后注射灭活苗。

（4）病鹅防治：对出现临床症状的患病雏鹅可用高免血清进行治疗。

三、鹅的细菌性传染病

（一）禽霍乱

禽霍乱又称巴氏杆菌病、禽出血性败血症或简称禽出败，是由多杀性巴氏杆菌引起的一种鸭、鹅等禽类的一种传染病。

【流行特点】 该病主要通过被污染的饮水、饲料经消化道感染发病。病禽的排泄物、分泌物带有大量细菌，随意宰杀病禽，乱扔乱抛废弃物可造成本病的蔓延。该病一旦发生，在这些禽场内很难清除，致使多批次禽甚至全年均可发病。

【症状与病变】 鹅群发病依病程可分为不同的病型，一般分为最急性、急性和慢性3种类型。

最急性型：常发生于该病的流行初期，特别是成年产蛋鹅易发生最急性病例。该型最大特点是生前不见任何临床症状突然死亡。

急性型：此型在流行过程中占较大比例。病鹅表现精神沉郁、废食、呆立，羽毛蓬松，自口中流出浆性或黏性液体。鹅冠及肉垂发绀呈紫色。病鹅下痢，病程短，1~2天死亡。

慢性型：在流行后期或本病常发地区可以见到。有的则是由急性病例不死转成慢性。病鹅精神、食欲时好时坏，有时见有下痢。常见鹅体某一部位出现异常，如一侧或两侧肉垂肿大；腿部关节或趾关节肿胀，跛行；有的有结膜炎或鼻塞肿胀。有时见有呼吸困难，鼻腔有分泌物，病鹅拖延1~2周死亡。

【防治措施】

(1)加强鹅群的饲养管理，平时严格执行鹅场兽医卫生防疫措施，以栋舍为单位采取全进全出的饲养制度，预防本病的发生。

(2)鹅群发病后应立即采取治疗措施，有条件的地方应通过药敏试验选择有效药物全群给药。磺胺类药物、红霉素、庆大霉素、氟哌酸、喹乙醇等均有较好的疗效。在治疗过程中，剂量要足，疗程要合理，当鹅只死亡明显减少后，再继续投药2~3天以巩固疗效，防止复发。与此同时要妥善处理病尸，做到无害化处理，避免人为地传播本病。

(3)加强鹅场兽医防疫措施；搞好舍内外消毒工作，对及早控制本病有重要作用。

(4)对常发地区或鹅场，药物治疗效果日渐降低，本病很难得到有效控制，可考虑用疫苗进行预防。但由于疫苗免疫期短，防治效果不十分理想，所以在有条件的地方可在本场分离细菌，经鉴定合格后，制作自家灭活苗，定期对鹅群进行注射。经实践证明，通过1~2年的免疫，本病可得到有效控制。

(二)大肠杆菌病

鹅大肠杆菌病是由革兰氏阴性埃希氏大肠杆菌引起的一种细

菌性传染病。

【流行特点】 本病的发生与不良的饲养管理有密切关系,天气寒冷、气候骤变、青饲料不足、维生素A缺乏、鹅群过度拥挤、闷热、长途运输等因素,均能促进本病的发生和传播。雏鹅发病时,常与种蛋污染有关。成年母鹅群感染发病时,一般是产蛋初期零星发生,至产蛋高峰期发病最多,产蛋停止后本病也停止发生。流行期间常造成多数鹅死亡,死亡率可占母鹅发病总数的10%以上。公鹅感染后,虽很少会引起死亡,但可通过配种而传播疾病。交配传播也是本病的一个重要的传播途径。

【临床症状】 病鹅表现精神沉郁,呆立,嗜睡,不愿走动,羽毛蓬乱,食欲减退或废绝,流泪,鼻腔内有黏性分泌物,有呼吸道症状,拉白色或草绿色稀粪,肛门周围有白色粪便污染的痕迹。鹅雏发生脐炎,心包炎。母鹅有的粪便中含有蛋清、凝固蛋白、蛋黄。公鹅有的阴茎肿大,有大小不一的结节,严重者部分或大部分外露。与支原体传染性支气管炎等混合感染,常发生气囊炎。继发心包炎、肝脏周围炎,有时发生全眼球炎和输卵管炎。

【病理变化】 急性病例,内脏、浆膜、黏膜有不同程度的出血,肝绿色。有的发生全眼球炎,眼前房积脓。

慢性病例,气囊增厚,附有干酪样渗出物,心包内充满淡黄色纤维素性渗出物。许多母鹅发生慢性输卵管炎,输卵管有煮熟样白团块滞留。有的在扩张的输卵管内出现一个大干酪样块。

【防治措施】

(1)在阴雨天或其他应激条件下,应在饲料中添加抗生素进行预防,同时添加蛋白质及多种维生素增强抵抗力。

(2)雏鹅发生大肠杆菌病一般经卵由母鹅传播。孵化时,对种蛋以及孵化用具要严格消毒,平时加强鹅群卫生消毒。尤其对公鹅要逐只检查,将阴茎上有病变的公鹅淘汰。

(3)对一些治疗效果差、复发率高的养鹅区最好用鹅大肠杆菌灭活油乳苗(每只0.5~1毫升)进行预防接种。在发病鹅群注射灭活苗,1周后即无新的病例出现,能有效控制疫病的流行。种鹅群的强化免疫能给其后代雏鹅提供有效的被动保护力。

(三)鹅蛋子瘟

鹅蛋子瘟又称鹅卵黄性腹膜炎,是产蛋母鹅常见的一种细菌性传染病。主要是卵巢、卵子和输卵管炎症,进一步发展成为卵黄性腹膜炎。病鹅常表现为突然死亡,产蛋停止后,本病流行也停止。

【临床症状】 本病常发生于开始产蛋后不久,病鹅不爱活动,常拉出凝固的蛋白或蛋黄小块,对产蛋量影响很大,病鹅腹内变性卵破裂或落入腹腔,引发腹膜炎。

【病理变化】 主要病变是在生殖系统,卵子皱缩成瓣状,卵膜薄而易破,卵黄变成灰色、褐色或酱色。腹腔中充满淡黄色腥臭的液体和卵黄,腹腔各器官表面有一层淡黄色、凝固的纤维性渗出物,肠系膜炎症,肠管互相粘连,腹腔中的卵黄积留时间较长,凝固成块状。

【防治措施】

(1)对公鹅进行逐只检查,将生殖器官有炎症者(阴茎肿胀发炎,上有大小不等的黄色干酪样坏死结节和痈块)淘汰。同时,采用人工授精的方法,可以防止本病的传播。

(2)药物预防:在母鹅开产后,反复应用土霉素、氟哌酸等,连服2~3天,每月1次,3个月以后停药。

(四)鹅副伤寒

鹅副伤寒是由多种沙门氏菌引起的一种传染病,故又称沙门氏菌病。除鹅外,其他家禽都可感染。

【流行特点】 在自然条件下,多发生于幼鹅和幼鸭,成年鹅及其他鹅类及鸟类,可相互传染。不洁的饲料、饮水,气候和环境等条件的剧变,都可成为发生本病的诱因。

【临床症状】 经蛋垂直传播的雏鹅,在出壳后数天内很快死亡,无明显的症状。病雏鹅表现食欲不振或废绝,口渴,腹泻,粪便初呈稀粥状,后呈水样便,常混有气泡,呈黄绿色。肛门周围及后躯被粪便污染,干涸后封闭泄殖腔,导致排粪困难。病雏眼结膜发炎,流泪,眼睑水肿,眼半开半闭,鼻流浆液或黏液性分泌物。腿软,不愿走动,常独居一隅,呆立,嗜睡,缩颈闭眼,翅膀下垂,羽毛蓬松。病鹅呼吸困难,常张嘴呼吸,多数在病后 2~5 天内死亡。成年鹅常无明显的临床症状,呈隐性经过,较少死亡。

【病理变化】 主要病变在肝脏。肝肿大、充血,表面色泽不均,呈黄色斑点。肝实质内有细小灰黄色坏死灶(副伤寒性结节)。胆囊肿大,充满胆汁。肠黏膜充血、出血、淋巴滤泡肿胀,常突出于肠黏膜面。盲肠内有白色豆腐渣样物质。慢性病例表现肠黏膜坏死、溃疡,病母鹅有时能见到卵巢、输卵管变形、发炎。有的出现腹膜炎。

【防治措施】

(1)预防本病最主要的方法是保持种鹅群健康,慢性病鹅不留作种用,立即淘汰。

(2)孵化前坚持对种蛋、孵化器的消毒。

(3)雏鹅与成年鹅要分开饲养,防止相互传染。

(4)加强对雏鹅的饲养管理,做好饲料、饮水、用具的清洁卫生,定期消毒。

(5)发现病鹅,严格隔离,并做好清洁、消毒工作。

(五)鹅葡萄球菌病

鹅葡萄球菌病又称传染性关节炎,是由致病性葡萄球菌引起的一种传染病。其主要临床特征为化脓性关节炎、皮炎及龙骨黏液囊炎、滑膜炎等。幼雏感染发病后,常呈急性败血症经过,发病率高,死亡严重。

【流行特点】 各种年龄的鹅均易感,但以长毛期的幼鹅最易感,常呈散发性流行。本病虽一年四季都可发生,但以天气闷热的雨季、空气潮湿的季节发病较多。鹅舍内雏鹅过于拥挤,环境卫生不良,消毒不彻底,饲养管理不良等常成为本病的诱因。

【临床症状】 病初,病鹅吃食减少,精神沉郁,不愿走动,常呆立一隅;2天后病重的卧地不起。闭眼呈嗜眠状,胸腹部皮肤呈青紫色,腹部皮下水肿;腹泻、排绿色或黄绿色稀粪;有的趾关节肿胀。局部发热,触摸关节表现疼痛。

【病理变化】 可见大腿部、胸部等处肌肉有斑点状出血;皮下有多量黄红或紫红色液体;肝脏肿大呈淡紫色、质脆。

【防治措施】
(1)消炎神:1月龄前仔鹅按每只每次0.1～0.2克,1～2月龄仔鹅每只每次0.2～0.5克,拌入适口性好的饲料中饲喂,连喂2次,已发病的即可多数痊愈,个别严重的病例喂3～4次痊愈。

(2)用庆大霉素、青霉素等抗生素注射治疗,连用5～7天。

(六)鹅传染性气囊炎

鹅传染性气囊炎又称鹅渗出性败血症或鹅流行性感冒,是一种渗出性败血性传染病。

【流行特点】 本病只有鹅易感,在流行初期,主要是1个月内的小鹅发病,到后期成鹅也可感染。本病常发生于冬、春寒冷季节,有时春季发生后,秋季又再度流行。雏鹅长途运输、气候剧变、饲养管理不良等因素,都可促进本病的发生和流行。

【临床症状】 病鹅精神萎靡,食欲不振,羽毛松乱,缩颈蹲伏。张口呼吸,从鼻孔流出多量浆液性鼻汁,为了排出鼻腔黏液,患鹅频频摇头,致使鼻汁飞溅四周,或将头颈后弯在身躯两侧羽毛上擦拭鼻液。严重时病鹅呈现呼吸困难,呼吸时发出鼾声,脚部麻痹,不能站立行走,死前24小时内出现腹泻,病程2~5天。

【病理变化】 皮下、肌肉出血,肺脏充血、出血,鼻腔、喉头、气管内有多量浆液或黏液,气囊混浊有大量的纤维素样渗出物,肺内有大量的干酪样物,肺肿大,质地变脆,胆囊萎缩,内有干酪样栓塞物,横断切开呈黄绿相间。肠黏膜充血、出血,脾肿大,表面有灰白色坏死灶,个别病例在心内、外膜上有出血点或见有浆液性纤维素性心包炎。

【防治措施】

(1)加强饲养管理,鹅舍内要定期打扫,定期消毒鹅舍及用具。

(2)取巧克力琼脂培养基24小时培养物,制成生理盐水悬浮液,加热至60℃灭活30分钟,制成每毫升含6亿菌的菌苗,经过灭菌和安全检验后,每只鹅颈部皮下注射0.5毫升,间隔5天再注射一次,具有一定的预防效果。

(七)肉毒梭菌中毒

鹅肉毒梭菌中毒是鹅由于吃食了肉毒梭菌产生的外毒素而引起的急性中毒性疾病。其主要特征是全身麻痹,头下垂,软弱无力,故又称"软颈病"。

【流行特点】 肉毒梭菌广泛分布在自然界及健康动物的肠道中,但不引起发病。当其在腐败的动物尸体、植物及粪坑的蝇蛆内,在厌氧的条件下会产生毒力很强的外毒素。本病多发于温暖的季节,由于气温高,使饲料腐败,或死鱼烂虾的腐败产生本毒素。当鹅、鸭等吃了这些腐败食物后即可发生中毒,也可发生于吃了身体沾上了该毒素的蝇蛆而致病。

【临床症状】 本病潜伏期的长短决定于摄食毒素的量,通常为几小时至1~2天。病鹅常突然发病,初期症状是精神萎靡,不爱活动,嗜睡。明显的症状是头颈、翅膀和两腿发生麻痹,头颈常伸直,软弱无力,因此本病又称"软颈病"。病鹅眼睑紧闭,翅膀下垂拖地,最后昏迷死亡。严重病鹅的羽毛松乱,容易拔落,这也是本病的特征性症状之一。

【病理变化】 常无明显的特征性病变,有的可见卡他性或出血性肠炎,个别脏器上有小出血点,无诊断意义。

【防治措施】 预防本病必须搞好环境卫生,严禁饲喂腐败的蔬菜、鱼粉等饲料,不到污水池或泥塘中放鹅。死于本病的鹅体内含有毒力很强的毒素,食后可使人、畜发生中毒,因此,一律严禁食用。必须将肉尸连同羽毛全部烧毁或深埋。本病尚无特效的治疗药物。有条件的对轻症病例可以注射同型的抗毒素及对症治疗。应用泻剂硫酸镁2~3克,加水溶解后灌服,可加速毒素排泄。口服四环素等抗生素,可以抑制肠道内的肉毒棱菌再产生毒素。

(八)结核病

本病是鹅型结核杆菌引起的以慢性经过为主的一种传染病。

【流行特点】 各种年龄的鹅都可感染,但以种鹅发生较多。饲养管理条件不良,鹅群过密等都是促使本病发生和传播的诱因。

【临床症状】 本病潜伏期很长,一般为2~12个月。病程发展缓慢,病初常无明显的症状。只有当病灶发展广泛,机体因吸收组织和细菌的分解产物而引起中毒时病鹅才出现明显消瘦。喜伏,离群独处,羽毛松乱无光泽,精神委顿,最后极度衰弱死亡。

【病理变化】 特征性的病变在内脏器官,尤以肝脏的病变较多见。肝肿大,表面有灰白色或黄色绿豆粒大至黄豆粒大的结核结节,切开结节时,可见结节外面有一层纤维素包膜,里面充满乳白色干酪样物质。只有当经呼吸道吸入感染物,才在肺脏和其他脏器中见到结节病变。

【防治措施】 当鹅群中发现结核病鹅时,应用药物治疗无实际价值,必须立即隔离、淘汰病鹅。尸体宜烧毁或深埋,严禁食用或随便乱丢。可能被病鹅分泌物、排泄物污染的鹅舍及一切用具,应彻底清洗消毒。运动场应铲去20厘米厚的一层表土,让日光充分暴晒,然后撒一层生石灰或漂白粉,再铺一层干净沙土。有条件时最好换个场地,建立无结核病的健康鹅群。

(九)螺旋体病

螺旋体病是多种禽类(鸡、鸭、鹅)均可感染的一种急性传染病,以精神沉郁、发热、厌食、贫血和腹泻为特征。

【流行特点】 本病的流行季节与蜱的活动有密切关系,通常发生在温度比较高的8~9月份。幼鹅及维生素缺乏的鹅群容易发病,发病率和死亡率均较高。

【临床症状】 病鹅体温高达42~43℃,食欲减退或废绝,饮欲增加,精神沉郁、嗜睡、怕动,饲养人员走近病鹅时,反应常不灵敏,不愿移动。贫血,排水样便,甚至出现神经症状,病鹅常摇动头部,走路摇摆,两脚交换出现蛇行,逐渐出现软病,常翻倒腹部朝天,病鹅费很大劲才能恢复正常姿势。临死前体温降至常温以下,病程为2~3周。

【病理变化】 病死鹅体躯消瘦,皮肤黄染。最明显的病变在肝和脾。脾肿大超过平常的1~3倍,呈暗紫色或棕红色,实质内可见多量黄白色坏死灶,质地脆弱。肝肿大,暗褐色,表面有小出血点和灰白色坏死灶。肾肿大而近苍白,输尿管内有尿酸盐沉积。心包有浆液性、纤维素性渗出液,肠内含有绿色黏液样物。

【防治措施】 消灭鹅类饲养地区内的蜱、蛹,控制蚊子是防止本病的有效方法。可用0.5%的马硫磷水溶液或粉剂喷洒。草地灭蜱,用3%粉剂喷洒,用量为5～10克/米^2;杀灭蜱、螨、蚤等,用0.2%～0.5%乳剂喷洒,用量为1克/米^2。对家鹅喷雾(粉),用0.25%乳剂或4%粉剂,以驱除体外寄生虫。病鹅应隔离,并用青霉素、卡那霉素、链霉素、泰乐菌素、四环素等治疗,对本病有较好的疗效。

(十)衣原体病

衣原体病又称鹦鹉热或鸟疫,是由鹦鹉热衣原体引起的各种畜、禽和人类共患的一种传染病。主要特征是结膜炎、鼻炎及腹泻。

【流行特点】 各种年龄的鹅都易感,但幼雏最易感,且其死亡率也高。鹅舍内拥挤、不卫生、营养条件不良、气温剧变、长途运输等因素,都可促使本病的发生和加剧。

【临床症状】 鹅、鸭急性经过时,病情严重,全身震颤,步态不稳,食欲消失,精神沉郁,生长停滞,腹泻,排淡绿色硫磺样水便。眼、鼻发炎,流浆液性或脓性分泌物,并将周围的羽毛粘连凝结。随着病程的发展,病鹅明显消瘦,肌肉萎缩,最后出现麻痹,惊厥死亡。

【病理变化】 有眼病的病鹅,剖检时可见结膜炎、鼻炎、眶下窦炎,偶见全眼球炎、眼球萎缩。病鹅胸肌萎缩,体腔和气囊的浆膜有纤维性化脓性炎症,表面覆盖有较厚的纤维蛋白性渗出物。特别是纤维蛋白性心包炎最常见。气囊常增厚并有纤维蛋白渗出物。肝、脾肿大以及肝包膜炎,偶见白色或黄色的小坏死灶。

【防治措施】

(1)加强饲养管理,搞好鹅舍环境的清洁卫生。

(2)对病鹅及死鹅一定要严格处理,防止传播疾病。做好个人防护,防止人员感染。

(3)发病场加强防疫,淘汰病鹅,销毁被污染的饲料,鹅舍用5%漂白粉溶液,或0.3%过氧乙酸,或2%次氯酸钠,或0.1%抗毒威等喷雾消毒。病鹅群可饲喂抗生素(金霉素、土霉素、四环素等)进行治疗。

(4)清扫鹅舍时,应先喷洒部分消毒药液,以防尘土飞扬。对粪便、垫草、脱落的羽毛要堆积发酵,进行无害化处理。

(5)引进种鹅时应加强检疫和隔离观察,以防病鹅入场。

(十一)鹅口疮

鹅口疮又叫霉菌性口炎,是家禽(鸡、鸽、鹅、火鸡、野鸡、鹌鹑等)上消化道的一种霉菌病,主要特征是上部消化道(口腔、咽、食道和嗉囊)的黏膜生成白色的假膜和溃疡。

【流行特点】 本病的传染是由于吃到了病原菌污染的饲料及饮水,而消化道黏膜的损伤则有利于病菌的侵入。鹅间不直接传染。本病也可以通过蛋壳传染。病鹅的粪便中含有较大量病菌,在病鹅的腺胃、肌胃、胆囊以及肠内,都能分离出病菌。

【临床症状】 患鹅表现生长不良,精神委顿,羽毛粗而乱,食欲大减,消化障碍。幼鹅的主要症状是呼吸困难,喘气,肺部出血,气囊浑浊。发病率和死亡率都很高。

【病理变化】 口腔和食道黏膜增厚,表面有灰白色、稍稍隆起的圆形溃疡,黏膜表面常见有假膜性的斑块和容易刮落的坏死物质。口腔、咽、气管和食道上段也可能形成溃疡状的斑块。口腔黏膜上的病变常形成黄色,为干酪样的典型"鹅口疮"。腺胃偶尔也可能受到蔓延,黏膜肿胀、出血,表面覆盖着一种黏液性或坏死性渗出物。肌胃的角质层发生糜烂。

【防治措施】

(1)消化道的霉菌病常与环境卫生不良有关,因此首先要改善卫生条件,鹅群不能拥挤。鹅蛋表面的病菌常会传染给雏鹅,因此种蛋孵化前要用消毒液浸洗消毒。鹅群中如发现病鹅,应立即隔离。

(2)患鹅口腔黏膜上的病灶,可涂敷2.0%碘甘油,还可再用中药"冰硼散"吹入口腔。

(3)饮水中添加0.05%硫酸铜(即2000毫升饮水中加硫酸铜1克),日饮2次。可在患鹅群的饲料中,按每千克饲料中添加制霉菌素100毫克,连喂1~3周,可以减少本病的发生和控制本病的发展。

(十二)曲霉菌病

曲霉菌病是多种禽类都可感染的一种常见的霉菌病。其主要特征是呼吸道发生炎症,尤其是肺和气囊,故又称曲霉菌性肺炎。

【流行特点】 雏鹅最易感染,常呈急性暴发。成年鹅常个别发生。出壳后的雏鹅进入被烟曲霉污染的育雏室后,4小时左右即可有病雏出现并开始死亡。4~12日龄是流行高峰期,以后逐渐减少,至30日龄基本停止死亡。如果饲养管理条件不好,则疫情可延续到60日龄。污染的木屑、稻草等垫料,发霉的饲料,是引起本病发生和流行的重要原因。

【临床症状】 病鹅呼吸困难,呼吸次数增加,张口吸气时常见颈部气囊明显胀大,一起一伏,呼吸时如同打喷嚏样。当气囊破裂时,呼吸时发出"嘎嘎"声,有时闲暇伸颈,体温升高,眼、鼻流液,有甩鼻涕现象,迅速消瘦。后期出现腹泻,吞咽困难,终因麻痹而死。有些日龄较大的放牧鹅,常发生霉菌性眼炎,其特征是眼睑黏合而失明,当眼分泌物积聚多时,使眼睑凸鼓。鹅的日龄越大,病程越长,死亡率越低。

【病理变化】病鹅肺和气囊发生炎症,有时在鼻腔、喉部、气管和支气管发生炎症。典型的病例在肺脏可见针尖大到粟粒大的呈灰白色或黄白色的结节。结节量多而互相融合时,形成较大的结节。结节质软,富有弹性或软骨状,切面中心呈均质干酪样的坏死组织,周围的充血区比较整齐。有些急性病例,肺部出现局部性或弥散性肺炎,肺组织肝变,部分肺泡气肿。呼吸道被损害时,有淡黄色或淡红色渗出物。有时在肺、气囊或腹腔内有肉眼可见到的成团霉菌斑。

【防治措施】

(1)搞好鹅舍的环境卫生,不使用发霉的垫料,不喂发霉的饲料,是预防本病的主要措施。保持鹅舍的清洁卫生,通风干燥。垫料要经常翻晒,发现发霉时,可用福尔马林熏蒸或放在阳光下暴晒。育雏室应彻底清扫、消毒,然后再换上干净的垫草。

(2)霉敌(有效成分为硫化苯唑):具有消除曲霉菌和霉菌污染的作用,可明显降低孵化器及种蛋上霉菌污染的程度。霉敌为烟熏片剂,每片60克,含硫化苯唑11.7%。在种蛋孵至第17天时(即转蛋前1天),将片剂放入孵化器内烟熏。如饲养场污染严重,雏鹅发生本病时,需在种蛋入孵当天加熏1次。用量为每100立方米空间用药4~8片。烟熏时人、畜不得进入孵化室,以防中毒。

(3)本病的特效治疗药物为制霉菌素,有一定疗效,用量为每100只雏鹅用50万单位(1片),混饲内服,连用3天。同时,以1:3000的硫酸铜溶液饮水,连用3~5天。口服碘化钾有一定疗效,用量为每升水中加入碘化钾5~10克,给雏饮用。

四、鹅的寄生虫病

(一)球虫病

鹅球虫病主要是由艾美尔科艾美尔属及泰泽属的球虫寄生于鹅的肾脏和肠道所引起的一种疾病,可造成雏鹅的大批死亡。

【流行特点】 据报道,鹅球虫有15种(寄生于肠道的14种,寄生于肾脏的1种),分别属于两个属,即艾美耳属和泰泽属。发生最多和危害性最大的虫种是截形艾美尔球虫和鹅艾美尔球虫。

本病主要发生于小鹅,成年鹅多为带虫者,成为传染源。鹅食入因受感染性卵囊污染的饲料及饮水而感染。各个品种的鹅均可发生本病。发病时间为5~8月份,发病日龄分别为5~10日龄、35~40日龄和70~80日龄。

【临床症状】 截形艾美耳球虫感染小鹅后可发生急性经过。病鹅的症状主要是精神委顿,衰弱,下痢,粪便呈白色,食欲消失,反应迟钝,眼睛下陷,翅膀下垂,幸存鹅可能表现眩晕和扭颈。鹅群能很快产生免疫力。感染鹅艾美耳球虫的病鹅,食欲缺乏,步态摇摆不稳,衰弱,腹泻,甚至死亡。

【病理变化】 鹅球虫按寄生部位不同,可分为寄生于肾和寄生于肠道的两种类型。

肾球虫病:由具有强大致病力的截形艾美尔球虫所引起。病鹅肾肿大,由正常的淡红色变成淡灰黄或红色,可见有针头状大小的白色病灶或条纹状出血斑点,在灰白色病灶中含有尿酸盐沉积物及大量卵囊。

肠道球虫病:寄生于鹅肠道的球虫中,以柯氏艾美尔球虫和鹅艾美尔球虫的致病力最强,能引起严重发病和死亡;其次为有害艾美尔球虫,其他种致病力较弱。病鹅小肠肿大,充满浓稠淡红棕色液体。小肠中下段有卡他性肠炎。病鹅呈严重出血性卡他性肠炎,自卵黄蒂后至泄殖腔病变最为严重,肠黏膜增厚、出血、糜烂,回肠段和直肠中段的肠黏膜有麸糠样的假膜覆盖,取假膜压片镜检,可发现大量卵囊。十二指肠至卵黄蒂处病变轻,呈轻度充血,或有卡他性炎症。肠内容物为红色至褐色黏稠物,不形成肠芯,取内容物镜检,可发现大量卵囊。

【防治措施】

(1)加强饲养管理,及时清除粪便,更换垫料,保持清洁卫生,舍内保持干燥,防止鹅粪污染饲料及饮水。小鹅和成年鹅分开饲养。

(2)在饲料中添加抗球虫药物,对病鹅可选用下列药物治疗:

氯苯胍:80毫克/千克混料,连用3天。再用40毫克/千克混料喂3天,配合其他抗生素使用,效果更好。连用4~6天,可预防本病暴发。

盐霉素:60毫克/千克混料喂。

磺胺六甲氧嘧啶:0.05%质量分数混料,连喂3~5天。

氯丙啉、球虫净或球痢灵:均按125毫克/千克浓度混入饲料,连续用药30~45天。

(3)要加强卫生管理,鹅舍应保持清洁干燥,定期清除粪便,定期消毒。在小鹅未产生免疫力之前,应避开有大量卵囊的潮湿地区。

(二)蛔虫病

【流行特点】 鹅的蛔虫病是由鸡蛔虫所引起。鸡蛔虫为淡黄白色像豆芽样的线虫,雄虫长26~70毫米,雌虫长65~110毫米,虫卵为椭圆形。蛔虫成虫主要寄生在小肠内。雌虫产的卵随粪便一起排到外界。刚排出的虫卵,因还未发育成熟,是没有感染力的。如果外界的湿度和温度适宜,虫卵就能继续发育,经 10~16 天后就变成感染期虫卵(卵内幼虫已形成一条盘曲的幼虫)。感染期幼虫在土壤中一般能生存 6 个月,鹅吃到这种感染期虫卵后就会发生感染。幼虫在腺胃内脱壳而出,到小肠内生长发育,约经 9 天后,幼虫又钻进肠壁黏膜中进一步发育,此时,常引起肠黏膜出血,到第 17 天或第 18 天时,幼虫重新回到肠腔发育成熟。幼虫的整个发育期需要 35~60 天,才能完全成熟,这时鹅粪中就有蛔虫卵排出。蛔虫卵对寒冷的抵抗力很强,而 50℃以上的高温、干燥和直射阳光,则很容易使虫卵死亡。

【临床症状】 病鹅的症状与感染虫体的数量、本身营养状况有关。轻度感染或成年鹅感染后,一般症状不明显。雏鹅发生蛔虫病后,常生长不良,精神不佳,行动迟缓,羽毛松乱,贫血,食欲减退或异常,腹泻,逐渐消瘦。

【防治措施】

(1)幼鹅和成年鹅分开饲养和放养。

(2)定期检查粪便,发现感染绦虫的鹅群应进行有计划的驱虫,以防止散播病原。下列药物可用于治疗。

驱蛔灵:用量为 0.25 克/千克体重,在饮水或饲料中添加 0.025%驱蛔灵,但加药的饲料和饮水,必须在 8~12 小时内服完。

甲苯咪唑:30 毫克/千克体重,1 次喂服。

左咪唑:25~30 毫克/千克体重,溶于半量的饮水中混饮,在 12 小时内饮完。

(3)搞好鹅舍清洁卫生,特别是垫草和地面的卫生。保持运动场地的干燥,及时清除鹅粪并进行发酵处理,是预防本病的有效措施。

（三）异刺线虫病

异刺线虫病又称盲肠虫病,是由异刺科异刺属的异刺线虫寄生于鸡、火鸡、鸭、鹅等鹅、鸟类的盲肠内引起的一种线虫病。

【流行特点】 异刺线虫细小,呈白色,头端略向背面弯曲,食道末端有一膨大的食道球。成熟雌虫在盲肠内产卵,卵随粪便排于外界,在适宜的温度和湿度条件下,约经2周发育成含幼虫的感染性虫卵,家鹅吞食了被感染性虫卵污染的饲料和饮水或带有感染性虫卵的蚯蚓而感染,幼虫在小肠内脱掉卵壳并移行到盲肠而发育为成虫。从感染性虫卵被吃入到在盲肠内发育为成虫需24～30天。此外,异刺线虫还是鸡盲肠肝炎(火鸡组织滴虫病)病原体的传播者,当一只鸡体内同时有异刺线虫和火鸡组织滴虫寄生时,组织滴虫可进入异刺线虫卵内,并随虫卵排到体外,当鸡吞食了这种虫卵时,便可同时感染这两种寄生虫。

【临床症状】 患鹅消化机能障碍,食欲不振或废绝,下痢,贫血,雏鹅发育停滞,消瘦甚至死亡,成鹅产蛋量下降或停止。

【病理变化】 尸体消瘦,盲肠肿大,肠壁发炎和增厚,有时出现溃疡灶。盲肠内可查见虫体,尤以盲肠尖部虫体最多。

【防治措施】

(1)预防:做好计划性驱虫,及时清理粪便,幼、成鹅分群饲养,并加强对鹅舍内外环境及饲养用具的卫生消毒。

(2)治疗

硫化二苯胺:对成虫效果较好,对未成熟的虫体无效,中雏鹅使用剂量为0.3～0.5克/千克体重,成年鹅用量为0.5～1.0/千克体重,拌料饲喂。

四氯化碳:2～3月龄雏鹅1毫升,成年鹅1.5～2毫升,注入泄殖腔或胶囊剂内服。

噻苯唑:用量为 0.5 克/千克体重。

(四)裂口线虫病

鹅裂口线虫病是由寄生在鹅肌胃的鹅裂口线虫引起的一种寄生虫病。此病在各地流行较广,有的感染可达 90% 以上。主要危害小鹅,常造成大批死亡。

【流行特点】 鹅裂口线虫属线虫常寄生在鹅的肌胃角质层之下,尤其是雏鹅。本病常发生在夏秋季节,主要发生于 2 月龄左右的幼鹅,感染后发病较为严重,常因衰弱死亡。成年鹅感染多为慢性,一般不引起死亡,成为带虫者。鹅群感染率高达 95% 以上,常呈地方性流行。鹅裂口线虫发育无需中间宿主,虫卵内形成幼虫并蜕皮 2 次,5~6 天后幼虫发育成具有侵袭性的幼虫,感染性幼虫能在地面蠕动和水中游泳,鹅吃了含有侵袭期幼虫的草而受感染,也可以通过皮肤引起感染,皮肤感染时,幼虫经肺移行,幼虫在鹅体内约经 3 周发育为成虫,其寿命为 3 个月。

【临床症状】 病雏表现精神萎靡,食欲减退或废食,生长发育受阻,体弱,贫血,消化障碍,有时腹泻。若虫体多、饲养管理不当,可造成大批死亡。虫体少或鹅的日龄较大,则症状不明显,而成为带虫者和传播者。

【病理变化】 可见肌胃发生严重的溃疡、坏死、变色(呈棕黑色)。剖检时可见到大量红色细小的虫体寄生在肌胃角质层较薄部位,部分主体埋在角质层内。在腺胃和食道有时也可以找到虫体。

【防治措施】

(1)预防:把大、小鹅分开饲养,避免使用同一场地,这样能让雏鹅摆脱裂口线虫侵袭。对于放牧场所要空闲 1~1.5 个月,在空闲期间,搞好鹅舍卫生,彻底消毒,可清除病原。雏鹅从放牧开始,经 17~22 天,进行第一次预防性驱虫,以后依据具体情况进行第二次驱虫。驱虫应在隔离鹅舍内进行,投药后两天内彻底清除粪便,并进行生物发酵处理。

(2)治疗

盐酸左旋咪唑:按 25 毫克/千克体重,口服,间隔 3~7 天驱虫 1 次。

丙硫咪唑:按 10~30 毫克/千克体重,混合均匀拌料喂给。

驱虫净:按 40 毫克/千克体重,均匀拌料饲喂,或按 0.01% 浓度溶于水中,连饮 7 天为 1 个疗程。

甲苯咪唑:按 30~50 毫克/千克体重,或用 0.0125% 混饲,每天 1 次,连用 2 天。

(五)比翼线虫病

本病是由比翼线虫寄生于鹅、鸡等禽类气管引起的一种寄生虫病,因病鹅张口呼吸,又名开口虫病。因其寄生状态总是雌雄虫交合在一起,故名比翼线虫病。

【流行特点】 虫体因吸血而呈鲜红色,雌虫比雄虫大。雌雄虫常处于交合状态,外观呈"Y"字形。雌虫在气管内产卵,卵随气管分泌物咳出体外或咽下随粪便排出体外。鹅食入感染性幼虫卵或孵出的感染性幼虫后感染。幼虫也可被蚯蚓、蛞蝓、蜗牛、蝇等摄入,但在其体内不发育而以包囊形式长期生存,当鹅食入了这些动物后被感染。幼虫先移行到肺,然后到气管内发育为成虫。同时,野鸟和野鸡任何年龄都易感但不发病而成为本病的自然宿主。

【临床症状】 患鹅食欲下降,生长不良,消瘦,严重者废食、腹泻,粪便红色带黏液。特征性症状是呼吸困难,常伸颈张口呼吸,并常伴发咳嗽和打喷嚏,时常摇头,欲排出气管内黏液和虫体,最后因窒息、衰竭而死。

【病理变化】 病变可见肺脏淤血、水肿和大叶性肺炎,气管有卡他性、黏液性炎症,有被带血黏液所包围的虫体。

【防治措施】

(1)预防:粪便要堆积发酵,搞好鹅舍及运动场的卫生及消毒,消灭蚯蚓等贮藏宿主。在常发鹅场及地区,应用药物预防。

(2)治疗

碘溶液:碘片1.5克,碘化钾1.5克,蒸馏水1500毫升,雏鹅每只1～1.5毫升,气管注射或用细胶管灌服。

噻苯唑:按0.1%混饲,连用2周。

丙硫咪唑:50～100毫克/千克体重内服。

(六)毛滴虫病

本病是由鹅毛滴虫引起的一种寄生虫病。其主要特征是在肠道后段的溃疡性损伤及肝脏等脏器发生肿大。

【流行特点】 鹅毛滴虫虫体呈卵圆形,前端有4根活动的鞭毛和1个波动的薄膜,鞭毛的长度常超过虫体的2～3倍。据某些地区的调查,在本病流行地区的养鹅场中,有50%～70%的成年鹅、鸭都轻度感染毛滴虫,从而成为病原的携带者。鼠类也可传播本病。鹅、鸭食入污染毛滴虫的饲料或饮水,可引起发病。尤其当鹅前段消化道黏膜受到损伤时,更易感染本病。

【临床症状】 鹅食入被毛滴虫污染的饲料和饮水后,一般经5～8天后出现症状,分为急性和慢性两种。

急性型:小鹅感染多取急性经过。病雏体温升高,精神委顿,食欲下降或废绝,而后出现跛行,行动困难,长期蹲卧。吞咽、呼吸困难。腹泻,粪便淡黄色,消瘦。食道膨大部体积增大,头向下弯曲。少数病例有结膜炎、流泪。口腔和喉头黏膜充血,可见有淡黄色小结节,病鹅常因败血症而死亡。

慢性型:病鹅消瘦,绒毛脱落,常在头、颈或腹部出现无毛区。口腔黏膜上常积聚干酪样物,当形成广泛的消化道病变后,喙难以张开,采食困难。

【病理变化】 急性病例在口腔及喉头见有淡黄色小结节,有的病例因食道溃疡而引起穿孔。如病变只限于肠道和上呼吸道,则部分病例可形成瘢痕而康复。如病变波及内脏(如肠、肝、肺及气囊)时,常可见到坏死性肠炎和肝炎。肝脏肿大,呈褐色或黄色,表面有小的白色病灶。还可常见胸膜炎、心包炎和腹膜炎。母鹅输卵管发炎、蛋滞留,蛋壳表面呈黑色,内容物腐败。输卵管黏膜坏死,管腔内积有粥状黏液,呈暗灰色或脓水样。卵泡全部变形。

【防治措施】

(1)预防:在预防措施中,应注意到成年鹅体内能够携带毛滴虫(带虫者),因此必须把成年鹅和幼鹅分开饲养。此外,还要搞好清洁卫生。灭鼠也是预防措施中的重要一环。

(2)治疗:治疗本病可采用如下药物。

阿的平或氢基阿的平:鹅每千克体重用0.05克,或用雷佛奴尔每千克体重0.01克,按上述剂量溶于1~2毫升水中,逐只喂服,24小时后重复滴服一次。

阿的平:治疗和预防雏鹅毛滴虫病,每千克体重用0.1克,用水稀释,按照昼夜全群幼鹅所需要的药量,投入各个饮水槽中任其饮用,连续喂服5昼夜。

1:2000硫酸铜溶液:用这种溶液代替饮水,有一定的疗效,但要注意,如饮用过量会引起中毒。

(七)鹅羽虱

羽虱是鹅类体表的常见寄生虫,种类很多,但各种羽虱都有各自特定的宿主(如鸡羽虱不感染鹅),并有一定的寄生部位。同一鹅体可同时被数种羽虱寄生。羽虱以羽毛或皮屑为食,引起鹅奇痒,干扰采食与休息,造成消瘦、产蛋量下降等;鹅啄羽而造成羽毛折断,给养鹅业带来一定经济损失。

【流行特点】 鹅羽虱有3种,即鹅巨毛虱、颊白羽虱和鹅羽虱。颊白羽虱寄生部位是外耳道、颈部和羽翼下的绒毛上;鹅巨毛虱寄生在鹅体上;鹅羽虱寄生部位为鹅的翅部羽毛。

虱是永久性寄生虫,终生都在鹅体上,生活史为卵孵化为幼虱,又经几次蜕皮发育为成虫,成虫又可产卵。据调查,颊白羽虱流行范围很广,很多鹅场都有寄生,而水网养鹅则无感染;丘陵地区、较低洼地区感染程度严重;产蛋鹅较肉仔鹅感染严重;常下水的鹅不易感染。

【临床症状】 羽虱的致病作用主要是虱的寄生造成痉痒症状,干扰鹅的采食与休息,使鹅消瘦,抵抗力下降,母鹅产蛋下降;颊白羽虱常使寄生的外耳道发炎,并有干性分泌物堆积于外耳道内。症状表现为鹅频繁搔痒,用喙啄毛,使羽毛脱落或折断。

【防治措施】

(1)敌百虫粉剂,喷撒于羽毛中,并轻轻揉羽毛使药物分布均匀。

(2)用胺丙畏喷洒鹅舍、产蛋箱、地面及用具等,杀灭其上的鹅虱。

(3)对鹅舍、墙壁、栏架、饲槽、饮水器及工具等进行消毒。同时,对整个养殖场进行彻底消毒,以防感染其他鹅群。10天后,对患病鹅群再投药一次,以杀死新孵出来的幼虱。

五、其他疾病

(一)维生素 A 缺乏症

维生素 A 是家鹅正常发育、维持视觉以及黏膜的完整性所必需的维生素,它能保护上皮和黏膜,促其发育和再生;提高繁殖力,尤其对呼吸道、上消化道和泌尿生殖道黏膜完整性的维护尤为必需。还能促进机体和骨骼的生长,增强鹅类的抗病力。北方冬季养鹅,长期缺乏青饲料时易发生本病。

【症状与病变】 雏鹅发生本病时,生长发育严重受阻,增重缓慢甚至停止。倦怠、衰弱、消瘦、羽毛蓬乱,自鼻孔流出黏稠的鼻液。呼吸困难,常张喙呼吸。由于软骨内造骨过程明显受到抑制,骨骼发育障碍,因此病鹅行走蹒跚,出现两腿不能配合的步态,继而发生轻瘫或全瘫。本病的一个特征性症状,一侧或两侧眼睛流出灰白色干酪样分泌物,继而角膜混浊、软化,角膜穿孔和眼房液外流,最后眼球下陷、失明。各处黏膜发炎以至坏死,在口腔、咽和食道以及食道膨大部黏膜上常见有散在的白色小结节,或覆盖一层灰白色、易于剥离的干酪样物质。由于缺乏维生素 A,母鹅所产种蛋孵出的初生雏,常常双目失明或患眼炎。幼雏缺乏维生素 A 时,一般在 6~7 周龄时开始发病,病雏运动无力,两脚颤抖、瘫痪。眼、消化道及呼吸道呈现与小鹅一样的变化。

【防治措施】

(1)注意饲喂全价饲料,日粮中补充富含维生素 A 或胡萝卜素的饲料,如胡萝卜、青草、小虾、黄玉米等饲料。

(2)鹅群出现病鹅时,应于每千克饲料中补充 1000~1500 国际单位的维生素 A。也可在病鹅群饲料中加入鱼肝油,其剂量为每千克混合料中添加鱼肝油 2～4 毫升(先将鱼肝油加入拌料用的温水中,充分搅拌,使脂肪滴变细),充分拌匀后立即饲喂。个别重症病雏,可肌肉注射 0.5 毫升鱼肝油(每毫升含维生素 A50000 单位),成年母鹅每天喂鱼肝油 1.5～2 毫升,分 3 次口服。

(二)维生素 B_1 缺乏症

维生素 B_1,又名硫胺素,是家鹅碳水化合物代谢所必需的物质。谷物、糠麸、青饲料、黄豆粉等饲料中含有丰富的硫胺素。

【临床症状】 雏鹅通常在 2 周龄内发病(成年鹅在饲喂缺乏硫胺素的饲料约 3 周后发病)。病初雏鹅精神沉郁,食欲不振,腹泻。脚软无力,行走或强迫行走时,步态不稳,身体失去平衡,常跌撞几步后即蹲下或倒在地上,两脚朝天或侧卧,做游泳样摆动、挣扎。有时偏头扭颈、或抬头望天,头向背后极度弯曲,呈现所谓"观星"姿势,或突然跳起、转圈。这些神经症状常为阵发性发作,一次比一次严重,最后倒地抽搐死亡。

【防治措施】
(1)平时注意饲料合理搭配和调制,最好用糙米煮饭喂鹅,或用不洗的米煮饭。也可在米饭饲料中添加适量的米糠、麦麸,也可添加适量的复合维生素 B 溶液。

(2)注意在产蛋种母鹅的饲料中添加富含维生素 B_1 的饲料,如新鲜的青绿饲料、酵母粉及糠麸类,这对防止雏鹅发生维生素 B_1 缺乏症效果明显。

(3)在雏鹅出壳干身后,可逐只喂给复合维生素 B 溶液,每雏 1～2 毫升,或以 1%～3% 浓度混饮,有较好的预防效果。病雏可用复合维生素 B 液内服或肌肉注射治疗,用量为每雏内服 0.5～1 毫升,连服 3 天;或内服复合维生素 B 片,每雏每天 1 片,连喂 3 天。

(4) 严重病例可肌肉注射维生素 B_1 注射液,每只每天注射 0.2～0.4毫升,1～2次即可痊愈。

(三) 维生素 D 缺乏症

维生素 D 能促进钙、磷的吸收,保持动物体中钙、磷比例的平衡,并能使钙、磷在骨骼中沉积。所以,当维生素 D 缺乏时,骨骼中的钙、磷均减少,骨骼不能进行钙化,结果骨质软化,雏鹅缺乏维生素 D,就会发生佝偻病(或骨软化症)。

【临床症状】 幼雏缺乏维生素 D 时,常在出壳后 10～11 天出现症状,若饲养管理不能及时改善,则病情逐渐增重,一般在 1 月龄时,死亡严重。

病雏最早的症状是生长停滞,两腿无力,行走极其困难,步态不稳,左摇右摆,严重者不能站立。鹅喙变软或弯曲变形,导致啄食不便。由于钙化不良和软骨过度生长,造成关节肿大,尤以跗关节和肋骨关节更为显著。严重病例触摸龙骨,可见龙骨呈"S"状弯曲。产蛋母鹅通常要在缺乏维生素 D 2～3 个月才出现症状。最初发现产薄壳蛋或软皮蛋的数量增加,随之产蛋量下降。孵化率降低,最后产蛋完全停止。喙及胸骨变软,两腿软弱无力,常呈蹲伏姿势。

【病理变化】 本病最具特征的变化是肋骨与脊椎接合部、肋骨与肋软骨接合部以及肋骨的内侧表面有局限性肿大,形成白色突起的珠球状结节。有些病例,在肋骨的同一水平位置上都有成串的珠球状结节,故俗称"肋骨串珠"。在这种珠状结节处,常发生自然性骨折,肋骨向后或向下弯曲。长骨(胫骨和股骨)的骨质钙化不良,变脆,严重病例的腔骨变软,易弯曲,但不易折断。

成年鹅的喙、胸骨变软,肋骨与椎骨接合处内陷,所有肋骨沿胸廓呈向内弧形的特征。

【防治措施】

(1)注意饲料中钙、磷的供给和比例搭配。

(2)注意提供鹅的日照时间；阴雨季节补充富含维生素D的饲料。

(3)病雏可喂给2~3滴鱼肝油，每天1~2次，2天为一疗程；或内服维生素D，每天15000单位/只，通常一次即可。必须注意维生素D不能长时间超量喂服，防止中毒。

(四)维生素E、硒缺乏症

维生素E在家鹅营养中的作用是多方面的，它不仅是正常生殖机能所必需的，而且是一种最有效的天然抗氧化剂，对于饲料中诸如脂肪酸及其他高级不饱和脂肪酸、维生素A和维生素D_3、胡萝卜素及叶黄素等成分具有保护作用，能够预防脑软化症。由于机体在代谢过程中会产生过氧化物，破坏细胞的脂质膜，导致细胞发生变性和坏死，而维生素E能够抑制不饱和脂肪酸的过氧化过程，对细胞的脂质膜起保护作用。

维生素E和硒之间具有互相补偿和协同作用，谷胱甘肽过氧化物酶对分解体内的过氧化物起着重要作用，微量元素硒则是其重要组成部分，可防止过氧化物对细胞的损害。缺乏维生素E和硒都能引起脑软化(坏死)和肌肉组织营养不良(维生素E和硒缺乏综合征)。

【临床症状】 患病幼鹅病初精神委顿，食欲减少，体质下降，消瘦，趾和喙发白，两腿麻痹，软弱无力，行步不稳，不能站立，喜卧，最后倒卧一侧，抽搐死亡。腹围增大，腹部触摸时有波动感。腹腔有大量淡黄色清朗的渗出液体，肝脏表面覆盖着一层白色或淡黄色膜，与肝组织紧密粘贴，不易分离。病程较长病例，肝组织呈肌化肝脏。心包有大量淡黄色清朗液体，心肌特别松软，有些病例有白色条纹及坏死。肌肉,尤其是胸部和腿部肌肉色泽苍白,有些病例有出血斑或黄白色条纹状坏死。全身皮下,尤其是胸腹部皮下和颈部皮下有淡黄色胶样渗出液。

【防治措施】

(1)对发病鹅群,首先查找饲料及原料的来源。如在缺硒地区,或饲喂缺硒的饲料时,应加入含硒的微量元素添加剂。此外,应加强饲料的保管,不要受热,防止酸败。饲料应存放在干燥、阴凉、通风的地方,存放时间不宜过久。饲喂时,应保证每千克饲料中含有20~25毫克维生素E和0.14~0.15毫克的硒。

(2)缺硒所致的病例,每只鹅可立即用0.005%亚硒酸钠液皮下或肌肉注射1毫升,注射数小时后可见症状减轻。还可在饲料中按每千克饲料添加亚硒酸钠0.5毫克,连喂3天可见康复。

(3)缺乏维生素E的病例,每只鹅可口服300单位维生素E,连喂3天可康复;并可在饲料中按每千克饲料添加50~100毫克维生素E剂量添加,连喂10余天,有良好效果。

(4)对于既缺乏维生素E又缺乏硒的病例,可用亚硒酸钠维生素E注射液进行治疗。

(五)钙、磷缺乏症

家鹅所需的钙质大约99%用于构成骨骼和蛋壳,其余分布于细胞和体液中,对维持神经、肌肉、心脏的正常功能及体内酸碱平衡、促进伤口血液迅速凝固等具有重要作用。

家鹅所需的磷有80%左右与钙一起参与构成骨骼成分,其余分布在全身组织中,可参与磷脂、核酸和某些酶的组成,具有广泛的生理作用,蛋壳也需要少量的磷参与构成。

家鹅所需的钙、磷主要来源于骨粉、贝壳粉、石粉、鱼粉等,一般植物性饲料中含钙不足,含有的磷只能利用30%左右,而饲料中或钙磷比例不当而影响钙、磷的吸收、维生素 D 缺乏等原因均会引起钙、磷的缺乏。此外,饲料中含有过多的脂肪酸和草酸以及慢性下痢等也会引起本病的发生。鹅由于以放牧为主,自由觅食,青饲料较多,一般很少出现钙、磷缺乏现象,但当阴雨连绵,放牧时间受限,而补充的精料钙质较少,再加上缺乏光照,则会出现钙、磷缺乏的现象。

【临床症状】 雏鹅缺钙、磷一般表现为生长发育迟缓,骨骼发育不良,质脆易折断,或变软易弯曲,尤其是腿骨,严重时两腿变形外展,关节肿大,站立不稳,胸廓也变形,与维生素 D 缺乏症相似。此外,血液中血红蛋白和红细胞减少,物质代谢受阻,甚至发生瘫痪或因心肌衰竭、组织出血而死亡。产蛋鹅缺钙、磷主要表现为产蛋减少,蛋壳变薄、易破,严重时产软壳蛋、无壳蛋,骨质变脆易骨折。

【防治措施】

(1)防治本病的关键在于加强饲养管理,调整饲料中营养成分的比例,注意添加鱼粉、骨粉、贝壳粉、石粉、磷酸氢钙等,以保证钙、磷的含量。此外,可于饲料中适当添加多维素,必要时酌情放入适量的鱼肝油,有条件的可让鹅多晒太阳,或用紫外线照射。

(2)在防治钙缺乏症时,应同时注意防止钙质过多。过多的钙质会形成钙盐在肾脏中沉积,损害肾脏,阻碍尿酸排出,促进痛风的发生,成年鹅还会表现为采食、产蛋减少,蛋壳上有钙质颗粒,蛋的两端粗糙。

(六)食盐中毒

食盐(氯化钠)是维持鹅正常生理活动所必需的物质。如果饲料搭配不当,食盐量过多,或是摄取了食盐多的残羹和咸鱼、咸菜等废弃物,会发生中毒。雏鹅比成年鹅更容易中毒。当饲料中含盐量达3％，或鹅每千克体重食入3.5~4.5克时，即可引起中毒，重者死亡。

【症状与病变】 家鹅发生食盐中毒，其病症的轻重，取决于摄取食盐量的多少。吃入过量的食盐，首先消化道发生刺激性炎症，病鹅食欲不振或完全废绝，不安，并发生腹泻；随后病鹅烦渴，饮水量超过正常鹅的数倍。初期病鹅极度兴奋，继而出现精神沉郁，运动失调，两脚无力甚至瘫痪等神经症状；最后因虚脱而死。

剖检时可见嗉囊充满黏性液体，黏膜脱落。有时腺胃黏膜充血，有时形成假膜。小肠发生急性卡他性肠炎或出血性肠炎。有时可见皮下组织水肿，肺水肿，腹腔和心包积水。肝淤血、肾水肿，多数病例在输尿管内有盐类结晶沉着，严重病例，可见肾炎及心肌出血。

【防治措施】 立即停止喂食盐或含盐多的饲料，供给充足的清洁饮水或糖水。为预防食盐中毒，要严格控制饲料中食盐的含量，对雏鹅尤应注意。在饲喂咸鱼时，要特别注意食盐中毒问题，平时要经常供给充足的饮水。

(七)黄曲霉毒素中毒

黄曲霉毒素中毒是家鹅较为常见的一种霉饲料中毒病。一般所谓"霉玉米中毒"，就是指的黄曲霉毒素中毒。黄曲霉毒素是黄曲霉菌的一种有毒的代谢产物。黄曲霉菌广泛分布于自然界，但大多数是不产生毒素的，只是一部分菌株能产生毒素。据调查，在温暖潮湿的环境，玉米上产黄曲霉毒素菌株的污染率可高达30％以上。玉米、花生、豆饼、麸皮、米糠等最易被其污染。鹅吃了这种发霉的饲料，就会发生中毒。黄曲霉毒素现已发现有20多种，其中毒力最强的是B_1毒素，它对人、畜及鹅类均有剧烈毒性，主要损坏肝脏，且有致病作用。家禽中以幼鸭敏感性最高，7日龄以内的雏鸭,只要口服或注射黄曲霉毒素 B_1 50～60 微克,即能引起中毒死亡。

【症状与病变】 由于鹅只年龄和食入剂量的不同,其症状表现也有所不同。雏鹅一般多为急性中毒。无明显症状,常突然死亡。病程稍长的则表现食欲减退或消失,脱毛,步态不稳,严重跛行。腿和脚由于皮下出血而呈紫红色,死前头颈呈角弓反张,死亡率可达 100%。

成年鹅的耐受性较雏鹅高。急性中毒的症状与雏鹅相似,常见渴欲增加和腹泻,排出白色或绿色稀便。慢性中毒时,则症状不明显,仅见食欲减少,消瘦,衰弱,贫血,病程较长的病例可发生肝癌。

黄曲霉中毒尸检时的特征病变在肝脏。急性中毒病例的肝脏常肿大、色淡,质地软,有出血点。胆囊扩张,肾脏色淡稍肿大,胰腺有出血点,胸部皮下和肌内常见出血。亚急性和慢性病例,肝脏因胆管明显增生而发生硬化,病程越长肝硬化越明显,肝脏上可见有白色小点状或结节状的增生病灶,肝脏色泽变黄,质地坚硬。心包和腹腔中常积液。小腿和蹼的皮下可能有出血。

【防治措施】 预防黄曲霉中毒的根本措施是不喂发霉的饲料。平时要加强饲料的保管,注意干燥,防止发霉。饲料库如已被黄曲霉毒素污染,要用福尔马林熏蒸或用过氧乙酸喷雾消毒。被毒素污染的饲养用具,可用 2% 次氯酸钠液消毒。中毒鹅的脏器内都含有毒素,不能食用,应深埋。鹅群发生中毒时,应立即更换饲料。

(八)亚硝酸钠盐中毒

许多绿色植物里都含有较多的硝酸盐,特别是施用过硝酸盐化肥的植物,其含量更高。这些植物在堆积发酵、腐败变质或蒸煮不透的情况下,硝酸盐可转变为亚硝酸盐。如将这些植物作为饲料,即可引起中毒的发生。另外,硝酸盐在鹅的食道膨大部中经微生物作用,也可转变为亚硝酸盐而引起中毒。

【症状与病变】 中毒病鹅主要表现为缺氧,呼吸困难,张口呼吸,口黏膜发紫,全身抽搐,不久即卧地不起,很快窒息而死。剖检主要可见血液呈酱油色,凝固不良,肝、脾、肾淤血。

【防治措施】 预防中毒的关键是用新鲜蔬菜饲喂,不喂腐败变质的、水浸而且加热不彻底的绿色植物。堆放青绿饲料时要选择在阴凉通风的地方,并经常翻动。发现中毒时,应立即静脉注射1‰美蓝溶液,剂量为每千克体重0.1毫升,并配合注射高渗葡萄糖及维生素C溶液。注意更换饲料,改善饲养管理。

(九)喹乙醇中毒

喹乙醇属喹噁啉类药物,是一种合成抗菌药和促生长剂,它对革兰氏阴性菌、沙门氏菌、大肠杆菌、副嗜血杆菌等都有抑制作用;同时又能促进蛋白质同化,提高饲料利用率,促使畜禽生长和增重加快,所以被作为一种饲料添加剂而广泛应用。但由于鸡、鸭、鹅等对喹乙醇敏感,如果使用不当,很容易引起家禽中毒。

【临床症状】 中毒发病的快慢取决于饲喂的剂量。急性中毒的病鹅有时在喂药后数小时即发病死亡。一般是在喂药后7~10天开始发病和死亡,死亡率可高达60%左右。

病鹅呈现精神沉郁,呆立或蹲伏不动,有的倒卧划地,怕冷,有时堆挤在一起,有的呈昏睡状态。食欲减少或完全不吃,腹泻,口流黏液。

【病理变化】 死后血液不凝固,呈暗红色,质地脆弱易碎。多数鹅腺胃黏膜和乳头状突有点状出血和出血斑,整个消化道的黏膜表层均有出血,小肠前段常见大面积出血,盲肠扁桃体肿大、出血。胆囊扩张,胆汁浓稠。脾充血出血。肾肿胀出血。肺淤血水肿。心脏扩张,心包液增多,心肌出血。肌肉出血。卵泡出血,呈紫葡萄状。

【防治措施】

(1)饲料中喹乙醇必须严格按规定的剂量添加,每千克饲料的添加剂量为0.025～0.035克,搅拌要充分混匀。

(2)鹅群一旦发生喹乙醇中毒,应立即停喂,更换饲料,添加葡萄糖饮水及多种维生素作为辅助治疗。

(十)磺胺类药物中毒

滥用磺胺类药物,用量过大或服用时间过长,或添加于饲料中服用时,药片粉碎不细,搅拌不匀,可能使部分鹅服用过量引起中毒。现知对鹅类有毒性的磺胺类药物有磺胺二甲嘧啶、磺胺喹噁啉、磺胺脒、周效磺胺等,其中以磺胺二甲嘧啶的毒性最大。据报道4～12周龄的鹅,以0.25%的磺胺二甲嘧啶混饲,连用5～7天,即可发生中毒。

【临床症状】 急性中毒主要表现兴奋、拒食、腹泻、痉挛、麻痹等症状。慢性中毒病例,常见于大量用药或连续用药超过1周时,病鹅精神沉郁,食欲减少或消失,烦渴,贫血,黄疸,羽毛松乱,头部肿大,翅下出现皮疹,便秘或腹泻,粪便呈酱油色。产蛋减少或产软壳蛋。中毒后主要是引起出血综合征,以皮肤、皮下组织、肌肉、内脏器官的出血为特征。

【防治措施】

(1)发生磺胺类药物中毒后,应立即停药,可服用1%～5%小苏打溶液,以防结晶形成结石。内服维生素C和饲料中混以0.05%的维生素K_3进行对症治疗。也可喂些车前草水,加适量小苏打,促使药物早一些排出鹅体。

(2)在早期可服用甘草糖水进行一般解毒,有一定效果。

(3)中毒严重的病鹅可肌注维生素 B_{12} 1~2微克或叶酸50~100微克。

(4)在应用磺胺类药物时要严格掌握适应性、剂量和使用时间,不能随便增加用量,更不能认为用量越大越好。

(十一)有机磷农药中毒

有机磷农药如敌百虫、乐果、敌敌畏等,都是农业上广泛应用的杀虫农药,其杀虫范围广、毒效大,对人、畜、鹅都有很大毒性。它们的毒力各有差别,但中毒的机理相同。鹅会因误食了施用过有机磷农药的蔬菜、谷类、植物种子或喝了污染上述农药的水而引起中毒。农药进入体内后,有机磷就与体内的胆碱酯酶结合,形成磷酰化胆碱酯酶,使胆碱酯酶失去活性,不能水解乙酰胆碱,从而使乙酰胆碱在体内蓄积过多,引起中毒。

【临床症状】 最急性中毒往往不显任何症状而突然死亡。病程稍缓,中毒鹅表现呼吸困难,不会鸣叫,两腿发软,站立不稳,频频摇头,从口中甩出吃入的饲料,全身发抖,腹泻,最后倒地死亡。

【病理变化】 胃黏膜有不同程度的炎症和溃疡,黏膜出血、脱落。胃含有大蒜味的内容物,肝、肾肿大,质脆。

【防治措施】 不要在刚喷洒过农药的农田、附近的池塘、水沟内放鹅。急性中毒的鹅,常来不及治疗,很快死亡。早期发现的轻症病例,可用解磷定注射液,成鹅(体重2.5~5千克)每只肌内注射1毫升,注后15分钟再注1毫升,以后每30分钟服阿托品半片,连服2~3次,并充分饮水。2~20日龄的雏鹅,内服阿托品1/3~1/2片,以后每隔30分钟每雏内服阿托品1/10片(溶于水后灌服)。应用解磷定或阿托品急救时,越早效果越好。在服用阿托品前,最好用手按压食道及食道膨大部,把刚吃入的食物尽量向外挤出,这样疗效更好。如果是一六〇五中毒,可根据病鹅大小灌服1%~2%的石灰水上清液3~5毫升,一六〇五遇碱性物质很快分解而失去毒性。但敌百虫中毒时不能服用石灰水,这是因为敌百虫遇碱后能变成毒性更强的敌敌畏。

(十二)痛风

痛风是由于蛋白质代谢发生障碍等所引起的疾病,青年鹅和成年鹅都能发生。它的特征是在鹅的体内蓄积着尿酸或尿酸盐(主要是尿酸钠)的沉淀。这种尿酸盐是由核蛋白产生的,可能来自食物中的蛋白质,也可能是由自身组织所产生的。本病的发生原因至今尚未研究清楚,可能与饲料有关,也可能与肾脏机能障碍有关。本病在雏鹅阶段也能发生,特别是常见于饲喂动物蛋白较高的肉用仔鹅群。

如果饲料中的蛋白质(特别是核蛋白)含量过高、饲料中缺乏充足的维生素A和维生素D、饲料中矿物质含量配合不适当、肾机能障碍或磺胺类药物使用不当等原因均可诱发本病的发生。实际上,凡是能引起肾脏机能损伤的因素(如某些霉菌毒素、病毒毒素、球虫药等)以及引起内脏器官中尿酸盐沉积的因素,均可诱发本病。此外,鹅舍过分拥挤或潮湿阴冷、鹅群缺乏适当的运动和日光照射以及许多疾病也都是促进痛风发生的因素。

【症状与病变】 依据尿酸盐在体内沉积部位的不同,痛风可以分为内脏痛风和关节痛风两种病型,有时可以同时发生。鹅群中常见的是内脏痛风。

成鹅发生痛风后,表现全身性营养障碍的症状,病鹅食欲不振,逐渐消瘦和衰弱,羽毛松乱,精神委顿,贫血。母鹅产蛋减少以至完全停产。有时可见腹泻,排出白色、半液状的稀粪,其中含有多量尿酸盐。肛门松弛,收缩无力。病鹅的死亡率很高。

内脏痛风的病鹅在剖检时,可见肾脏肿大,色泽变淡,表面有尿酸盐沉积所形成的白色斑点。输尿管扩张变粗,管腔中充满石灰样沉淀物。严重的病鹅,在肝、心、脾、肠系膜及腹膜等器官的表面也常有这种石灰样的尿酸盐沉淀物覆盖,有时可形成一层白色薄膜。沉淀物在显微镜下观察,可以看到许多针状的尿酸钠结晶。

关节痛风发生较少。它的特征是脚趾和腿部关节肿胀,活动软弱无力,病鹅跛行。剖检时可见关节表面和关节周围组织中有白色尿酸盐沉着,有些关节表面还发生糜烂。

【防治措施】 本病的发生与肾脏机能障碍有密切关系,所以平时要注意影响肾脏机能的各种因素的存在。适当减少饲料中的蛋白质含量,特别是动物蛋白的含量,供给充足的新鲜青绿饲料和饮水,可在饲料中补充丰富的维生素(特别是维生素 A),并注意给予鹅群充分的运动。亦可试用鲜草药海金沙或车前草(1 千克煎汁后,用 15 千克清水稀释)作饮料自饮,促使尿酸盐排出体外。

(十三)肠炎

肠炎有原发性和继发性两种。其发生原因常由于饲料腐败变质,饲养管理不良。饲料中缺乏矿物质和沙砾,饲喂不定时定量,饥饱不均,因气候剧变受寒或中暑,饮污秽水,以及食物中毒或某些寄生虫和微生物的侵害等,都可引起本病。

【临床症状】 本病多发于 2～3 周龄的幼鹅。病鹅垂头闭目,精神沉郁,食欲不振或废绝,羽毛逆立无光泽,常挤成堆。最明显的症状是腹泻,排白、棕、绿、黄或混合的稀便,污染肛门周围的羽毛,并不断收缩肛门。最后因严重脱水,眼窝凹陷,脚蹼干瘪,终因极度衰竭而死。

【防治措施】 预防本病的主要措施是加强饲养管理,做到饲喂定时定量,注意清洁卫生,严禁喂给发霉腐败的饲料。病鹅可喂给磺胺脒,用量为0.1~0.3克/千克体重,分2~3次内服。在饲料中混入0.02%~0.04%复方敌菌净,或0.1%土霉素,混饲喂服,效果较好。

(十四)中暑

中暑又称日射病或热射病或热衰竭,是鹅在夏天炎热季节常发的一种疾病。夏季天气酷热,湿度大,鹅群长时间放牧于烈日之下或在灼热的地上,容易发生日射病;鹅舍闷热潮湿,通风不良,鹅群过度拥挤,易发生热射病。

【症状与病变】 日射病鹅以神经症状为主,病鹅烦躁不安,痉挛,体温升高,黏膜潮红,昏迷,可造成多数病鹅死亡。病鹅表现呼吸急促,伸颈喘气,体温升高,口渴,战栗,翅膀张开下垂,昏迷倒地,也会造成多数鹅死亡。剖检时,可见大脑和脑膜充血、出血,全身静脉充满暗红色血液,血液凝固不良。

【防治措施】 夏天放牧要做到早出晚归,避免中午放牧。夏季放牧应走阴凉牧道。选择凉爽的牧地或在树荫下休息。鹅舍要注意通风,鹅群密度不宜过大,运动场内应有树荫或搭盖凉棚,并保证有足够的清凉洁净的饮水。当鹅群发生中暑时,应把全群赶下水塘降温,或转移到阴凉处,向鹅群中泼洒冷水降温(个别病鹅放在冷水里浸一会儿)。

(十五)软脚病

本病的发生多因雏鹅饲养管理条件不良,如饲料营养不全、缺乏矿物质,尤其是缺钙或钙、磷比例不当。缺乏维生素D,育雏环境寒冷潮湿,舍内缺乏阳光,运动不足,雏鹅饲养密度过大、拥挤等都可促进本病的发生。

【临床症状】 病雏两脚发软,走动无力,走动过快或过急时容易摔倒。严重时不能正常站立和自由行动,病雏常以跗关节着地移动身躯,甚至用两翅支撑着地。病雏生长迟缓。

【防治措施】 加强饲养管理,及时补充钙,注意饲料中钙、磷的比例,适当增加放牧时间,以便多得到阳光的照射。病鹅可注射或内服维生素 D。

(十六)脚趾脓肿

脚趾脓肿又称趾瘤病。该病因脚趾底部及其周围组织受到机械性损伤,感染细菌所致。一般多发生于体形大而重的鹅。运动场或鹅舍内地面粗糙、坚硬,或放牧时经过有大量石块的道路,都容易引起脚趾皮肤的损伤,再感染化脓菌而发生。

【临床症状】 患鹅脚底皮肤发炎,化脓肿胀。其大小由黄豆粒大至鸽蛋大。炎症继续发展时,可扩展至脚趾间组织、关节和腱鞘。在肿胀部的组织中,蓄积有多量炎性渗出物及坏死组织。炎性物可逐渐干燥,变成干酪样,或破溃后形成溃烂面,使病鹅行走困难。由于疼痛,常影响食欲以及使母鹅产蛋率下降,甚至停止产蛋。

【防治措施】 预防本病时,主要将运动场地面铺平。放牧时选择平坦的牧道。对早期病例,应手术切开、排出脓汁及清除坏死组织,再用 1‰~2‰ 雷佛奴尔溶液冲洗,撒入磺胺粉,停止放牧,同时内服抗菌消炎药,每天换药 1 次、1 周左右即可痊愈。

附录一 鹅常用饲料营养价值

鹅常用饲料营养价值表(%)

饲料	干物质	代谢能(兆焦/千克)	粗蛋白质	粗纤维	钙	磷	有效磷	赖氨酸	蛋氨酸+胱氨酸
青苜蓿	29.2	1.42	5.3	10.7	0.09	0.09	0.03	0.20	0.08
大白菜	6.4	0.67	1.4	0.5	0.04	0.04	0.02	0.04	0.04
小白菜	7.9	0.75	1.6	1.7	0.06	0.06	0.02	0.08	0.03
苦荬菜	15.0	1.51	4.0	1.5	0.05	0.05	0.02	0.16	0.06
甘薯藤	13.9	1.05	2.2	2.6	0.07	0.07	0.02	0.08	0.04
槐叶粉	90.3	3.97	18.1	11.0	2.21	0.21	0.07	0.84	0.34
松针粉	86.6	4.39	7.4	24.3	0.59	0.04		0.43	0.17
苜蓿草粉	87.0	3.64	17.2	25.6	1.52	0.22	0.10	0.81	0.36
玉米	86.0	13.56	8.7	1.6	0.02	0.27	0.12	0.24	0.38
高粱	86.0	12.30	9.0	1.4	0.13	0.36	0.17	0.18	0.29
小麦	87.0	12.72	13.9	1.9	0.17	0.41	0.22	0.30	0.49
裸大麦	87.0	11.21	13.0	2.0	0.04	0.39	0.21	0.44	0.39
大麦	87.0	11.30	11.0	2.4	0.09	0.33	0.17	0.42	0.36
稻谷	86.0	11.01	7.8	8.2	0.03	0.36	0.20	0.29	0.35
糙米	87.0	14.06	8.8	0.7	0.03	0.35	0.15	0.32	0.34
碎米	88.0	14.23	1.4	1.1	0.06	0.35	0.15	0.42	0.39
粟	86.0	11.88	9.7	6.8	0.12	0.30	0.11	0.15	0.45

续表

饲 料	干物质	代谢能（兆焦/千克）	粗蛋白质	粗纤维	钙	磷	有效磷	赖氨酸	蛋氨酸+胱氨酸
次粉	87.0	12.51	13.6	2.8	0.08	0.52	0.14	0.52	0.49
小麦麸	87.0	6.82	15.7	8.9	0.11	0.92	0.24	0.58	0.39
米糠	87.0	11.21	12.8	5.7	0.07	1.43	0.10	0.74	0.44
米糠饼	88.0	10.17	14.7	7.4	0.14	1.69	0.22	0.66	0.56
大豆	87.0	13.55	35.5	4.3	0.27	0.48	0.30	2.22	1.03
大豆饼	87.0	10.54	40.9	4.7	0.30	0.49	0.21	2.38	1.20
大豆粕	87.0	9.62	43.0	5.1	0.32	0.61	0.31	2.45	1.30
棉籽饼	92.0	8.16	33.0	12.5	0.36	0.81	0.23	1.34	0.70
棉籽粕	88.0	8.16	34.3	11.6	0.62	0.96	0.33	1.28	1.37
菜籽饼	88.0	8.16	34.3	11.6	0.62	0.96	0.33	1.28	1.37
菜籽粕	88.0	7.41	38.6	11.8	0.65	1.07	0.42	1.30	1.50
花生仁饼	88.0	11.63	44.7	5.9	0.25	0.53	0.31	1.32	0.77
花生仁粕	88.0	10.88	47.8	6.2	0.27	0.56	0.33	1.40	0.81
向日葵饼	88.0	6.65	29.0	20.4	0.24	0.87	0.13	0.96	1.02
向日葵粕	88.0	8.49	33.6	14.8	0.26	1.03	0.16	1.13	1.19
亚麻仁饼	88.0	9.79	32.2	7.8	0.39	0.88	0.38	0.73	0.94
亚麻仁粕	88.0	7.95	34.8	8.2	0.42	0.95	0.42	1.16	1.10
玉米胚芽饼	90.0	7.61	16.7	6.3	0.04	0.46	0.20	0.70	0.78
玉米胚芽粕	90.0	6.79	20.8	6.5	0.06	0.55	0.24	0.75	0.49
玉米蛋白粉	90.1	16.23	63.5	1.0	0.07	0.44	0.17	0.97	2.38

附录一　鹅常用饲料营养价值

续表

饲　料	干物质	代谢能(兆焦/千克)	粗蛋白质	粗纤维	钙	磷	有效磷	赖氨酸	蛋氨酸+胱氨酸
玉米蛋白饲料	88.0	8.45	19.3	7.8	0.15	0.70	0.20	0.63	0.62
芝麻饼	92.0	8.95	39.2	7.2	2.24	1.19	0.32	0.82	0.82
麦芽根	89.7	5.90	28.3	12.5	0.22	0.73	—	1.30	0.63
国产鱼粉	88.0	11.46	52.5	0.4	5.74	3.12	3.12	3.41	1.00
秘鲁鱼粉	88.0	11.67	62.8	1.0	3.87	2.76	2.76	4.90	2.42
血粉（喷雾）	88.0	10.29	82.8	—	0.29	0.31	0.31	6.67	1.72
啤酒粉	88.0	9.92	24.3	13.4	0.32	0.42	—	0.72	0.84
啤酒酵母	91.7	10.54	52.4	0.6	0.16	1.02	—	3.38	1.33
玉米酒精糟	94.0	5.36	30.6	11.5	0.41	0.66	—	0.51	1.28

附录二 鹅典型饲粮配方

1. 国外鹅饲粮配方(%)

原料	配方号		
	1	2	3
玉米	48.75	46.0	41.75
小麦粗粉	5	10	5
小麦次粉	5	10	10
碎大麦	10	20	20
脱水青饲料	3	10	5
肉粉	2	20	2
鱼粉	2		7
干乳	2		1.5
豆粕	20	8.75	7.5
石粉	0.5	0.5	3.25
磷酸氢钙	0.5	0.5	0.75
碘化食盐	0.5	0.5	0.5
微量元素预混料	0.25	0.25	0.25
维生素预混料	0.5	0.5	0.5

2. 小型、蛋用型鹅不同生长阶段饲粮配方(%)

原料	日龄			
	1~30	31~90	91~180	成鹅
玉米	47	47	27	33
麦麸	10	15	33	25
稻糠	12	13	30	25
豆粕	20	15	5	11
鱼粉	8	7	2	3
骨粉	1	1	1	1
贝粉	2	2	2	2
食盐	0.37	0.37	0.37	0.40
合计	100	100	100	100
代谢能(兆焦/千克)	12.12	12.05	11.14	11.42
粗蛋白	20.29	18.38	143.39	16.3
钙	1.55	1.50	1.96	2.35
磷	0.74	0.76	1.05	1.06

3. 豁鹅不同生长阶段饲粮配方及营养水平(%)

原料	日龄		
	1～30	31～90	91～180
玉米	57.3	55.7	56.7
麦麸	10	11	11
稻糠	10	11	13
豆粕	18	16	14
鱼粉	5	3	1
骨粉	1	1	1
贝粉	2	2	2
食盐	0.3	0.3	0.3
多维(克/吨)	100	100	100
微量元素(克/吨)	500	500	500
合计	100	100	100
代谢能(兆焦/千克)	11.89	11.91	11.72
粗蛋白	18.77	17.05	15.25
粗纤维	3.7	3.79	4.10
钙	1.33	1.25	1.18
磷	0.73	0.59	0.62
蛋氨酸+胱氨酸	0.59	0.54	0.46
赖氨酸	0.9	0.81	0.63

4. 太湖鹅饲粮配方(%)

原　料	肉用仔鹅	种鹅
玉米	52.0	65.0
麸皮	6.0	4.0
米糠	12.43	—
四号粉	2.0	4.0
豆粕	14.0	12.0
菜籽粕	6.0	6.0
鱼粉	5.0	2.0
骨粉	2.0	2.6
贝壳粉	—	4.0
食盐	0.4	0.4
蛋氨酸	0.17	—
合计	100	100
代谢能(兆焦/千克)	12.1	12.04
粗蛋白	18.3	15.3

5. 太湖鹅产蛋期饲粮配方及营养水平(%)

原　料	配方号		
	1	2	3
玉米	48	46	44
糠饼	12	12	12
青糠	13	13	13
麸皮	10	7	4.5
稻谷	—	—	—
豆饼	5	8	12
菜籽粕	3	4.5	5
棉仁饼	2.5	3	3
骨粉	1	1	1
贝壳粉	5	5	5
食盐	0.2	0.2	0.2
蛋氨酸	0.1	0.1	0.1
多维(克/吨)	100	100	100
微量元素	0.2	0.2	0.2
合计	100	100	100
代谢能(兆焦/千克)	10.88	10.88	10.88
粗蛋白	13.5	14.65	15.70
粗纤维	7.2	6.5	6.5
钙	2.07	2.05	2.11
总磷	0.96	0.83	0.70
有效磷	0.34	0.34	0.24
赖氨酸	0.52	0.60	0.69
蛋氨酸	0.29	0.31	0.32
蛋氨酸+胱氨酸	0.52	0.56	0.59
盐分	0.2	0.2	0.2

6. 中国肉用仔鹅饲粮配方(%)

原料	1~3周龄		4~7周龄		8~9周龄	
	1	2	1	2	1	2
玉米	37	40	38	32	59	66
米粉	15	17	17	24	12	21
麸皮	14	15	24	22	2	2
次粉	8	9	10	9	9	1
豆饼	17	10	9	8	9	1
鱼粉	8	8	8	8	7.5	7.5
贝壳粉	1	1	2	2	1.5	1.5
合计	100	100	100	100	100	100
代谢能(兆焦/千克)	11.40	11.40	10.68	10.68	12.33	12.33
粗蛋白	20.1	18	18.1	16.1	16.0	14.0
粗脂肪	3.33	2.27	3.08	2.97	3.54	3.53
粗纤维	4.10	4.60	4.90	5.20	3.77	3.94
钙	0.54	0.52	1.29	1.26	1.57	1.52
磷	0.41	0.39	0.65	0.61	0.26	0.43
赖氨酸	0.92	0.77	0.78	0.65	0.64	0.53
蛋氨酸	0.30	0.27	0.27	0.25	0.23	0.23
胱氨酸	0.33	0.28	0.27	0.25	0.22	0.19
色氨酸	0.25	0.22	0.33	0.20	0.17	0.15

7. 四季鹅产蛋期、休产期饲粮配方(%)

原　料	后备期、休产期	产蛋期
玉米	58	57
小麦	10	13
豆饼	10	15
菜籽饼	3	3
麸皮	5	—
苜蓿粉	11.4	5
骨粉	1	1.4
贝壳粉	1	5
食盐	0.4	0.4
微量元素、多维素	0.2	0.2
合计	100	100
代谢能(兆焦/千克)	11.05	11.6
粗蛋白质	14.72	15.52
钙	0.93	2.27
有效磷	0.27	0.31
赖氨酸	0.58	0.66
蛋氨酸+胱氨酸	0.47	0.51

8. 鹅系列全价饲粮配方及营养水平(%)

原　料	1～3周龄				8～9周龄	
	1	2	3	4	1	2
玉米	54.0	54.5	50.0	58.0	50.0	49.0
小麦麸	12.5	15.5	11.0	15.5	17.0	20.0
高粱	—	—	—	—	—	10.0
大麦	—	—	—	—	13.0	—
糙米	—	—	12.5	—	—	—
米糠	—	4.0	—	—	—	—
豆饼	27.5	20.0	20.0	14.	12.0	13.0
菜籽饼	—	—	—	—	3.0	—
棉仁饼	—	—	—	—	2.0	4.2
花生饼	—	—	—	7.0	—	—
进口鱼粉	3.0	—	—	3.0	—	—
肉骨粉	—	5.0	—	—	—	—
喷雾血粉	—	—	3.0	—	—	—
骨粉	2.2	0.7	—	1.4	—	—
磷酸氢钙	—	—	2.2	—	1.7	1.7
碳酸钙	—	—	0.5	0.3	—	—
石粉	—	—	—	—	—	1.0

续表

原　料	1~3周龄				8~9周龄	
	1	2	3	4	1	2
食盐	0.3	0.3	0.3	0.3	0.5	0.3
赖氨酸	—	—	—	—	0.3	—
蛋氨酸	—	—	—	—	—	—
添加剂预混料	0.5	0.5	0.5	0.5	0.5	0.5
合计	100	100	100	100	100	100
代谢能(兆焦/千克)	11.80	11.85	12.0	11.93	11.32	11.27
粗蛋白	20.1	18.6	18.1	18.2	15.1	15.0
钙	0.91	0.79	0.75	0.77	0.85	0.87
总磷	0.73	0.68	0.54	0.62	0.74	0.69
有效磷	0.49	0.44	0.38	0.38	0.44	0.40
赖氨酸	0.92	0.81	0.89	0.73	0.73	0.75
蛋氨酸+胱氨酸	0.46	0.44	0.47	0.45	0.41	0.45

9. 鹅系列全价饲粮配方及营养水平(%)

原　料	9~26周龄		种鹅			
	1	2	1	2	3	4
玉米	59.0	50.0	55.0	40.0	53.0	60.0
小麦麸	30.0	22.2	9.5	9.0	12.0	13.2
高粱	—	—	—	—	10	—
大麦	—	—	—	20.0	—	—
米糠	—	10.0	—	—	—	—
豆饼	8.0	15.0	12.0	16.0	12.0	17.5
菜籽饼	—	—	2.5	—	—	—
棉籽饼	—	—	3.0	—	—	—
花生饼	—	—	6.0	6.0	—	—
进口鱼粉	—	—	3.0	—	4.0	—
骨粉	1.4	1.6	1.2	—	—	1.3
磷酸氢钙	—	—	—	1.2	1.5	—
碳酸钙	—	—	7.0	—	—	—
石粉	0.7	0.4	—	7.0	6.7	7.2
食盐	0.4	0.3	0.3	0.3	0.3	0.3
添加剂预混料	0.5	0.5	0.5	0.5	0.5	0.5
合计	100	100	100	100	100	100
代谢能(兆焦/千克)	11.14	11.23	11.32	10.92	11.34	11.22
粗蛋白	12.8	15.2	17.6	16.4	14.7	14.6
钙	0.77	0.74	3.22	2.85	2.94	3.1
总磷	0.58	0.67	0.57	0.55	0.69	0.60
有效磷	0.32	0.35	0.40	0.30	0.48	0.31
赖氨酸	0.49	0.62	0.73	0.65	0.63	0.63
蛋氨酸+胱氨酸	0.21	0.38	0.45	0.40	0.38	0.31

10. 放牧加补饲的仔鹅饲粮配方(%)

原　料	1周龄	2～3周龄	4～8周龄	9～10周龄	
				1	2
碎米	73.8	58.8	10	—	—
豆饼	25	20	10	—	—
稻谷粉	—	10	57.8	57.8	57.8
麸皮	—	5	10	20	20
花生饼	—	5	10	20	20
食盐	0.2	0.2	0.2	0.2	0.2
贝粉	1	1	2	2	2
精料：青料	1：10	1：8	1：7	1：5	1：7

11. 全舍饲条件，不加青料的仔鹅饲粮配方(%)

原　料	1周龄	2～3周龄	4～8周龄	9～10周龄	
				1	2
碎玉米	36.8	38.8	38.8	37.8	37.8
碎米	20	15	—	16	—
豆饼	25	25	25	20	20
稻谷粉	5	5	20	5	20
干草粉	2	5	10	5	5
麸皮	5	5	4	—	5
米糠	—	—	—	4	—
花生饼	5	5	—	10	10
食盐	0.2	0.2	0.2	0.2	0.2
贝粉	1	1	2	2	2

12. 圈养加喂青料的仔鹅饲粮配方(%)

原 料	1周龄	2~3周龄	4~8周龄	9~10周龄	
				1	2
碎米	73.8	58.8	10	—	—
豆饼	25	20	10	—	—
稻谷粉	—	10	47.8	72.8	67.8
花生饼	—	5	10	20	10
麸皮	—	—	10	—	5
干草粉	—	5	10	5	15
食盐	0.2	0.2	0.2	0.2	0.2
贝粉	1	1	2	2	2
精料:青料	1:6	1:4	1:2	1:2	1:2

图书在版编目(CIP)数据

家庭科学养鹅/席克奇,刘国权等编著.—北京:科学技术文献出版社,2012.6(重印)
ISBN 978-7-5023-6604-9

Ⅰ.①家… Ⅱ.①席… ②刘… Ⅲ.①鹅-饲养管理 Ⅳ.①S835.4

中国版本图书馆 CIP 数据核字(2010)第 030460 号

家庭科学养鹅

策划编辑:袁其兴 责任编辑:袁其兴 责任校对:赵文珍 责任出版:王杰馨

出 版 者	科学技术文献出版社
地　　址	北京市复兴路 15 号　邮编　100038
编 务 部	(010)58882938,58882087(传真)
发 行 部	(010)58882868,58882866(传真)
邮 购 部	(010)58882873
官方网址	http://www.stdp.com.cn
淘宝旗舰店	http://stbook.taobao.com
发 行 者	科学技术文献出版社发行　全国各地新华书店经销
印 刷 者	北京高迪印刷有限公司
版　　次	2010 年 3 月第 1 版　2012 年 6 月第 2 次印刷
开　　本	850×1168　1/32 开
字　　数	197 千
印　　张	8.25　彩插 4 面
书　　号	ISBN 978-7-5023-6604-9
定　　价	16.00 元

版权所有　违法必究

购买本社图书,凡字迹不清、缺页、倒页、脱页者,本社发行部负责调换